惠惠 CHEN 新娘造型 编著

时尚新娘
造型专业技法

人民邮电出版社
北京

图书在版编目（CIP）数据

时尚新娘造型专业技法 / 惠惠CHEN新娘造型编著
. -- 北京 : 人民邮电出版社, 2014.4（2016.8重印）
ISBN 978-7-115-34522-6

Ⅰ. ①时… Ⅱ. ①惠… Ⅲ. ①女性－发型－设计
Ⅳ. ①TS974.21

中国版本图书馆CIP数据核字(2014)第016536号

内 容 提 要

本书向读者展示了30个新娘发型设计教程，并且配有大量的精彩案例赏析。本书以技术手法进行分类，包括卷筒技法、拧绳技法、手推波纹技法、倒梳技法、拧包技法、编辫子技法、抽丝纹理技法和变纹技法，并且有饰品与发型的搭配。每一个案例都有完成图、步骤分解图和文字说明。书中的案例不是靠单一手法完成的，很多造型都是将多种手法相结合，并且配合不同的中心点来打造的。通过阅读本书，读者不仅能够学会书中讲到的新娘造型，而且能够学会整理思路，将不同的造型技法、中心点选择、内外轮廓处理与饰品搭配相结合，打造出真正适合新娘本人而又独具风格的造型。

本书适合影楼造型师、新娘跟妆师阅读，同时也可供相关培训机构的学员使用。

◆ 编　　著　惠惠 CHEN 新娘造型
　责任编辑　赵　迟
　责任印制　方　航
◆ 人民邮电出版社出版发行　　北京市丰台区成寿寺路 11 号
　邮编　100164　　电子邮件　315@ptpress.com.cn
　网址　http://www.ptpress.com.cn
　北京盛通印刷股份有限公司印刷
◆ 开本：889×1194　1/16
　印张：12.5
　字数：469 千字　　　　2014 年 4 月第 1 版
　印数：20 201－23 200 册　　2016 年 8 月北京第 10 次印刷

定价：98.00 元

读者服务热线：(010) 81055410　印装质量热线：(010) 81055316
反盗版热线：(010) 81055315
广告经营许可证：京东工商广字第 8052 号

前言 Preface

在这里与大家分享一下本书的创作初衷和理念。俗话说，知己知彼方能百战百胜，做造型也是一样。刚进入化妆行业时，我只是根据自己随性的想法来做造型，不会整理思路，其实就是没有做到“知己”。经历了很多棘手难题后，才发现好的造型需要完整的思路。从对造型人物特点的把握（即“知彼”）到造型风格的敲定，再到手法和中心点的确定及内外轮廓的打造，理清了思路才能完成更适合人物的造型。书中将告诉大家怎么理清思路，从而完成想要的新娘造型。

面对造型人物，把握她们的特点才是做好造型的前提，如头发的特点（发长、发量、发质等）及个人的喜好。不同的特点需要我们区别对待，这是一个长期积累的过程。

了解特点后要确定造型的风格。造型风格分很多种：优雅型、甜美型、高贵型及简约大方型等，不同的人物特点适合的风格不同，找到适合的才能完成好的造型。

确定好风格之后，接着就是本书的重点——造型的手法。书中介绍了卷筒、倒梳、编辫子、拧绳、手推波等技法，还有这些技法的组合应用。本书将重点围绕造型手法来带领大家学习新娘造型。

发型中心点的确定也非常重要。中心点是整个发型的重点，相当于房子的地基，打好了地基才能建造稳固的房子。所有的手法要围绕中心点设计，发型才会饱满。不同风格造型的中心点的位置是不一样的，比如，法式盘发的中心点在枕骨下方，高贵盘发的中心点在顶区，本书实例会对中心点有详细介绍。

内、外轮廓的打造是确定造型风格的关键。内轮廓是指发型在脸部形成的轮廓，如刘海区、侧区的轮廓可以起到修饰脸型的作用。外轮廓是指发型完成之后的整体外形，发型风格的形成与内、外轮廓有直接的联系。

养成做造型前先理清思路的习惯，应该会对那些不知如何动手以至乱做一气的朋友有些帮助。

开始编写本书前我一直在思考：书中的实例我做起来容易，但发型数量有限，读者如何才能通过本书真正掌握造型技巧？于是我想到了以手法为中心展开讲述，正所谓授人以鱼不如授人以渔。在我的理解里，懂得发型设计的基础和手法就可以完成变化多端的新娘造型，运用到不同的新娘身上会有不同的效果，本书更注重技巧的介绍。另外好的服饰和饰品搭配以及好的拍摄手法都会让你的造型作品更出彩、更具特色。

最后我想强调，新娘造型不是涂脂抹粉，也不是哗众取宠，而是要把握新娘的气质，让她散发出独特的韵味，洋溢着幸福的感觉。适合新娘的造型才有意义。

本书包含30款带有步骤分解图及文字说明的案例，还有若干作品的完成图供大家赏析。现在，跟着惠惠CHEN一起来学习新娘造型吧！

惠惠 CHEN

目录 Contents

第1章 卷筒技法

卷筒技法之法式盘发一

卷筒技法之法式盘发二

卷筒技法之高贵盘发

卷筒技法之复古浪漫盘发

● 卷筒技法的概念

卷筒技法在很多类型的发型里都有运用，如法式盘发和高贵盘发。法式盘发展现了女人优雅端庄、古典内敛的气质；高贵盘发则让女人显得雍容华贵、高贵大气，更具皇家风范。

什么叫卷筒发型和卷筒技法呢？顾名思义，做成卷筒形状的发型叫卷筒发型，而使用的方法就是卷筒技法，当然里面也有很多学问。

● 卷筒技法的分类

卷筒技法分为单卷、连环卷、层次卷、上翻卷、下翻卷等。我简单地介绍一下这些卷法。

单卷也叫空心卷，这种卷法不需要突出层次感，直接由发尾向发根方向做成卷筒，卷筒的中间要做成空心。多用于齐肩发。

连环卷是在单卷的基础上利用剩下的发尾再打卷，使卷筒与卷筒之间互相连接，构成连环的卷筒。适合于中长发。

层次卷也叫立体卷，在单卷的上面利用剩下的发尾再打卷，使卷筒看上去更立体、更有层次。多用于长发。

上翻卷又叫外翻卷，操作方法是先分出发片，使发尾向上翻卷，做出单卷的形状。

下翻卷又叫内扣卷，和上翻卷相反，先分出发片，使发尾向内翻卷并固定。

● 卷筒技法的注意事项

无论我们做任何卷筒，发型的表面必须光滑平整，不能过于毛糙。设计卷筒的时候，卷筒和卷筒的组合必须饱满、有层次。

卷筒技法看上去手法陈旧，但是只要组合得当，也能呈现出很多不同的味道。换句话说，我们只需要将卷筒稍加变化，用在不同的发型区域，就可以变化出更多的形状和轮廓。

设计发型时，注意以下事项会让我们更得心应手。

首先，要先用电卷棒等工具将头发均匀地加热烫卷，这样会让每根发丝变得柔软，纹理感统一。

①当头发柔软时，发卷很容易变直，我们可以选用小号电卷棒让头发变得又显多又不易变直。

②当头发硬直时，卷法棒在头发上停留的时间应相对长一些。

③当头发稀少时，可以将假发藏于头发中，增加整体发量，让头发看上去显多。

④当头发毛糙干枯时，会让整个发型没有质感，在烫发之前要先梳顺头发，然后抹上发油等柔顺产品，在设计发型时尽可能地收起发尾，掩饰这一缺陷。

其次，烫卷完成后，如果碎发仍然很多，要借助发型产品（如发蜡等），抚平毛糙的头发。

最后，固定头发时，尽可能不露出卡子，需将卡子藏匿于头发中。

在学习的过程中，只要注意细节，再加上大量的练习，就能做出完美的发型。

光滑的头发撑起了法式盘发端庄的气场，再配上精美的绢花，优雅的美感沁人心脾。

Hairstyle 1

卷筒技法之法式盘发一

法式盘发需把头发聚拢之后运用卷筒的手法做成卷筒形状，然后层层叠叠地挽在一起。发型的重点在枕骨下方，低髻是它突出的特点。它展现了女人古典内敛、优雅端庄的气质。法式盘发适合气质型女生。

法式盘发外轮廓大体相近，但如果内轮廓不同，给人留下的印象也会不同，可选择的内轮廓有中分、侧分、无刘海式等。

① **中分：**传递出复古端庄感，菱形脸忌用（会更加突出其缺点）。

② **侧分：**如二八、三七、四六分等，有成熟的感觉。刘海的面积越大，对脸型及发际线会有越好的修饰作用。

③ **无刘海式：**除对脸型要求较高外，发际线需干净整洁。

法式盘发是优雅端庄的象征，它在配饰的选择上也有一定的讲究，如珍珠、网眼纱、精致的小发卡等。此例中我们选择了精美的绢花来增加造型的精致度。

01

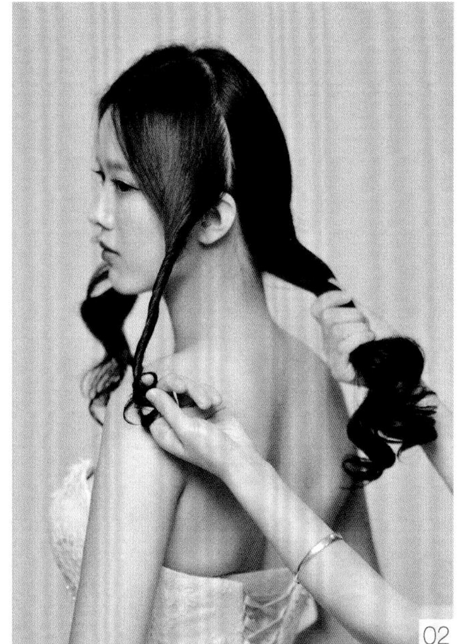

02

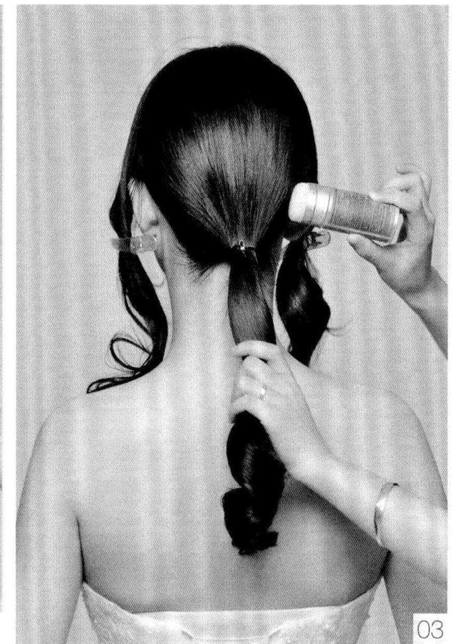

03

Step 01

把头发分层后烫卷，烫卷方向需统一朝内。

Step 02

把头发分成三部分，即两侧区和整个后区。

Step 03

把整个后区头发梳顺，用橡皮圈扎低固定，将其作为造型的中心点。借用发蜡把头发表面的碎发收伏贴。

04

Step 04

把两侧区的头发向中心点收拢，固定在马尾上。

Step 05

取一片头发，向内打卷并固定，表面要干净整洁。

Step 06

依次把剩下的头发分成若干片，向内打卷并固定，分布在枕骨下方。

Step 07

调整造型，需做到从后方看发型的外轮廓是饱满的，调整之后用发胶定型。

05

06

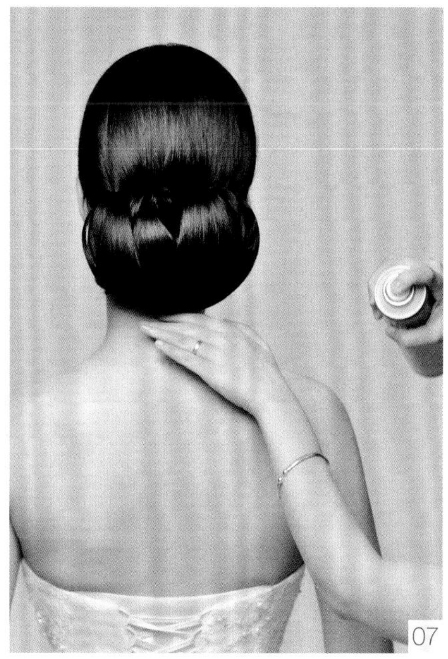

07

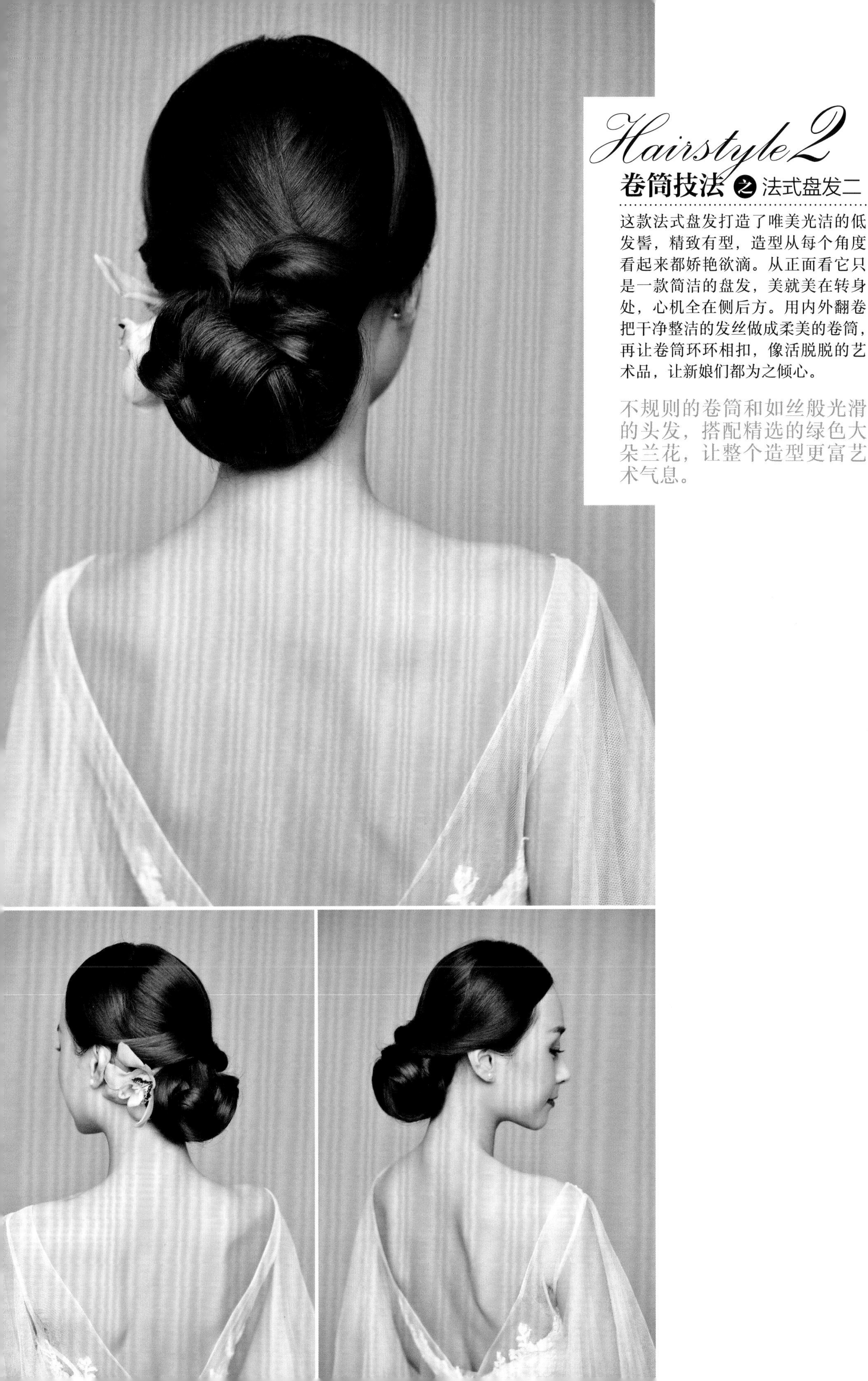

Hairstyle 2

卷筒技法之法式盘发二

这款法式盘发打造了唯美光洁的低发髻，精致有型，造型从每个角度看起来都娇艳欲滴。从正面看它只是一款简洁的盘发，美就美在转身处，心机全在侧后方。用内外翻卷把干净整洁的发丝做成柔美的卷筒，再让卷筒环环相扣，像活脱脱的艺术品，让新娘们都为之倾心。

不规则的卷筒和如丝般光滑的头发，搭配精选的绿色大朵兰花，让整个造型更富艺术气息。

Step 01

将烫好的头发分成四部分：左侧区、右侧区、后区上部分及后区下部分。

Step 02

把后区下部分的头发梳顺，然后全部扭在一起。

Step 03

用扭在一起的头发完成一个小发包，作为造型的中心点。

Step 04

将后区上部分均分为左右两个后区。

Step 05

把左、右后区的头发交叉，增加枕骨处头发的饱满度。

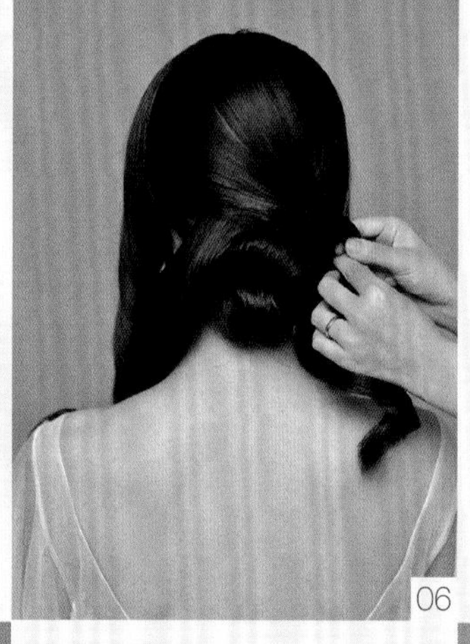

Step 06

先把左后区的头发围绕中心点固定，让其表面光滑。

Step 07

把左后区剩下的发尾围绕中心点打卷，固定在小发包上。

Step 08

把右后区的头发同样围绕中心点固定。

Step 09

将右后区剩下的头发做成光滑的发卷，围绕着小发包固定。

Step 10

将右侧区的头发表面梳光滑，向后做外翻卷，并用发卡固定在中心点上。

Step 11

把右侧区剩下的发尾围绕中心点打卷并固定，让枕骨下方的小发包更饱满。

Step 12

将左侧区的头发同样梳光滑，用外翻卷的手法向中心点靠拢并固定。

Step 13

将左侧区剩下的发尾绕在发髻上，让发型层次感更分明。

Step 14

完成效果如图所示，调整后喷发胶定型。

Step 15

在一侧戴上花卉，让发型更精美。

Step 16

佩戴花卉后的侧面效果。

一对耳环与无头饰的干净发型搭配，让高贵大方的气质传神呈现。

Hairstyle 3

卷筒技法之高贵盘发

高贵盘发起源于皇室，它是高贵大气的象征，在展现皇族女性风采方面功不可没。摩纳哥王妃格蕾丝·凯利、丹麦王妃玛丽·唐纳森的高发髻已给世人留下深刻的印象，她们是人们心中高贵典雅形象的代表。这里的高发髻就是我们所说的高贵盘发。

高贵盘发简约但不简单，发髻的位置偏高。相对法式盘发而言，虽手法一致，但是改变了卷筒的位置，从低到高的转变使得气质风格的表现也千差万别。

此例中我们把所有的头发聚拢在顶区，用橡皮圈固定，作为发型的中心点。再把马尾分成若干片，设计成卷筒（其中单卷、连环卷居多），完成一个饱满的轮廓。外轮廓从正面看，顶区有一个漂亮的圆弧度；从侧面看，发包立体饱满。而内轮廓在刘海区大胆选择了梳光滑的方式，显得干净整洁，更加突出外轮廓的线条及层次。精美的拜占庭风格耳环，加上蕾丝婚纱，尽显皇室风范。

01

02

03

Step 01

烫卷头发之后，扎一个高的马尾，位置位于顶区，作为发型的中心点。

Step 02

借助造型产品（如发蜡），把表面的碎发收伏贴，让头发显得干净光滑。

Step 03

取一片头发，向前以打卷的方式固定，将发尾继续打卷（也就是我们说的连环卷）。

Step 04

取片状的头发并打卷，若头发表面毛糙可抹一些发蜡。

Step 05

继续取发片，围绕中心点设计单卷及连环卷。

04

05

06

07

08

Step 06

设计卷筒时要让发髻饱满。调整发型的宽度，不能过宽或过窄。

Step 07

围绕着中心点向下打卷。为了更好与上面的卷筒衔接，向下的卷筒不宜做得过低。

Step 08

固定卷筒，要尽可能地藏好发卡。

Step 09

将多出来的发尾在卷筒的基础上面继续打卷，让发型更立体。

Step 10

层层叠叠的卷筒让发髻更加精致、更具特色，最后喷上发胶定型，让发包 360° 均显饱满。

09

10

搭配纯白的纱花，
让造型的浪漫甜美感倍增。

Hairstyle 4
卷筒技法之复古浪漫盘发

我们学过法式盘发及高贵盘发之后，很明显就会发现，只要改变发型的中心点，运用卷筒的手法就可以变化出无穷无尽的造型，此例就是把中心点的位置放在刘海区。把不规则的卷筒设计在刘海区，让卷筒的外轮廓有点英式朋克风的味道，增加了复古怀旧的感觉；再用柔美的花饰点缀在卷筒间，融入了丝丝浪漫情怀；如果再搭配蕾丝花边的婚纱，一个洋溢艺术气息的复古浪漫造型就完成了。

01

Step 01

用电卷棒烫卷头发后将其梳顺，抹上造型产品（如发蜡），让头发变得柔顺、不毛糙。

02

Step 02

把整个发型分成两个区域：刘海区为一个区域，剩下的为另一区域。把剩下的头发扎成高马尾。

Step 03

把刘海区分头发成片状，随意地做成卷筒。

03

Step 04

随意地摆放卷筒，让它们呈现出你想要的形状。卷筒之间要富有层次。

04

05

Step 05

取马尾上的头发，向刘海区打卷并与刘海区头发连接。

06

Step 06

要以片状取发片，这样头发的表面才能光滑平整。

Step 07

把卷筒组合，让顶区与刘海区更加饱满。

07

Step 08

调整发型的整体形状并用发胶定型。

08

光滑的卷筒松紧有度地衔接，
或大或小，或高或低，
突出层次感的同时，让优雅的气息弥漫。

环环相扣的卷筒蜿蜒盘转，
似河流般柔美，简单大方。

光滑的卷筒在颈后交错衔接，
构成优雅的低髻，散发出典雅内敛的气质。

光滑的包发在发尾绽放成卷筒的花朵，
优雅的转身让一切都平静下来。

富有设计感的卷筒由簇簇纱花映衬，
优雅从容，把雍容华贵之感尽情呈现。

柔美恬静配上简约的造型，
让干净的美感触动着每道注视的目光。

简约的造型搭配白色手捧花，
为轻纱下的迷人浅笑着上了幸福的色调。

第2章 拧绳技法

拧绳技法之全拧高盘发

拧绳盘发之半拧低盘发

拧绳技法之全拧盘发

拧绳技法之半拧长垂发

● 拧绳技法概述

所谓拧绳技法，就是将两片头发像拧麻绳一样松紧结合拧在一起的手法。当拧好的头发出现在发型的外轮廓时，从表面看会更具层次感，线条感更流畅清晰。因此在针对深色头发不易做出具有层次感的造型这一问题时，拧绳技法更为适用。我们先把头发都随意拧成绳状，再把绳状的发藤在发型区域间自由组合，使发型的外轮廓或高或低，或左或右，这样就可以演化出多种多样的造型了。拧绳技法一般会与抽丝技法同时使用，会让发丝更柔软，线条更柔美。总而言之，手法的使用不要拘于规范，只有灵活运用才能打造更加多变的新娘造型。

● 注意事项

① 在用到拧绳技法时，特别容易出现头发表面毛糙的现象。所以在烫头发时，要尽量做到让每根发丝受热均匀，纹理感统一，然后再抹上有柔亮效果的造型产品，让头发更柔顺、更有光泽。

② 取发片拧绳时，两片发片的发量要接近，不然拧出来的头发缺少层次感、不饱满。

③ 对于初学者来说，拧发与拧发之间总是不易衔接，导致容易白色头皮露出，所以我们在做造型时应尽可能攻克这一难点。

④ 对于发尾比较干枯的头发，我们在设计造型时要尽量收起发尾，避免影响整个发型的光泽度。

Hairstyle 1

拧绳技法之全拧高盘发

因该盘发表面轮廓全部呈现出发藤状态，盘发的中心点又比较高，故称其为全拧高盘发。我们先把头发不规则分成几小块，每一小块分成两份发片，拧在一起。然后把表面的发丝抽松，让头发表面更富层次感，抽出的发丝更显动感，而且灵动的发丝能瞬间柔化女性的面部线条。再把抽松散的发丝层层叠叠聚拢在顶区后方，这样会给人大方而又不显成熟的感觉。最后搭配蕾丝发饰，优雅浪漫的蓬松盘发就完成了。头发较少的女生很适合这样的造型。

蕾丝发饰凸显了新娘甜美浪漫的气质。

Step 01

用 32 号电卷棒烫卷头发，尽可能地烫到发根处。

Step 02

梳顺头发后，抹上有柔亮效果的造型产品，增加头发的光泽。取顶区下方的头发，挽成一个小发包，作为造型的基垫，同时也是中心点。

Step 03

从顶区开始取两撮头发，拧绳后把头发表面抽松散，将其固定在中心点上。

Step 04

按照上述方法围绕中心点取头发拧绳，将其抽松散并固定在中心点周围。

Step 05

在固定头发时藏好发卡。

Step 06

从左侧区继续取发片并拧绳，将其固定在中心点下方，让发型更饱满。

Step 07

右侧区的头发也按上述方法拧绳并围绕中心点固定。将后区的头发拧绳并抽松头发表面后，向中心点固定，直到头发拧完为止。

Step 08

边喷发胶边调整发型的弧度，让发型外轮廓更饱满。

Hairstyle 2

拧绳技法之半拧低盘发

该盘发表面轮廓在两侧区和后区呈现出发藤状态，且盘发的中心点偏低，故称其为半拧低盘发。结合拧绳技法打造的低盘发，拧绳的线条感流畅清晰，低髻的盘发优雅婉约，如果再配上低首回眸的那一缕微笑，甜美可人的气息就会凸显得淋漓尽致。

发髻上方佩戴着蝴蝶结配饰，让造型在温婉中透出一丝柔美。

01

02

03

Step 01

用 32 号电卷棒烫卷头发，让头发呈现大波浪形状。

Step 02

在顶区取发片，一层层倒梳，让后区显得饱满。

Step 03

在枕骨处把倒梳的头发表面梳光滑，做成小发包并固定，将其作为造型的中心点。

Step 04

先从左侧区取两缕头发，每缕头发发量相同。把两缕头发均匀拧绳。

Step 05

把头发表面用手指轻轻抽松散。

04

05

06

07

08

Step 06

把拧好的头发固定在中心点，右侧区的头发与左侧区的处理方法一样。

Step 07

把剩下的头发分成左、右两份，从右边开始进行拧发。

Step 08

把拧好的头发表面抽松散。

Step 09

把拧好并抽松散的头发固定在枕骨下方，与上面的头发自然衔接。

Step 10

左边的头发以同样的手法处理，喷发胶定型。

09

10

松散的发藤与额角的网眼纱搭配，在修饰脸型的同时让造型更添浪漫的气息。

Hairstyle 3

拧绳技法之全拧盘发

该盘发表面轮廓全部呈现发藤状态，且发藤覆盖头部延伸至枕骨下方，故称其为全拧盘发。该发型的发藤环环相扣，线条感流畅清晰，层层叠叠的松散发丝让发型更加饱满、通透，而且浪漫十足。再搭配白色的发饰，纯美的新娘味儿让人回味无穷。

Step 01

先用 25 号电卷棒烫卷头发，尽可能地烫到发根处。

Step 02

从刘海区开始朝后区竖向取两缕头发。

Step 03

把刚才取好的两缕头发拧绳。

Step 04

边拧边向后取头发，继续拧绳。

Step 05

在枕骨处停止加发，抽松发丝。

Step 06

把拧好并抽松的头发固定在枕骨下方，作为造型的中心点。

Step 07

接着把左侧头发按照上述方法拧绳并抽松发丝。

Step 08

固定左侧区拧好的头发时，手不宜握得太紧，要松紧有度。

Step 09

右侧区的头发按左侧区的方法处理，在中心点固定。

Step 10

从左边开始从剩下的发尾中取两缕头发，进行拧绳。

Step 11

把刚才拧好的头发围绕中心点固定，让发型的外轮廓呈现低髻感。

Step 12

将剩下右边的头发也一分为二，拧绳并固定，与左边的头发衔接，让外轮廓显得饱满。

造型没有搭配任何配饰，低垂的耳环与额角随意垂下的发丝足以让造型更有韩式韵味，散发出浪漫的少女气息。

Hairstyle 4
拧绳技法之半拧长垂发

因该盘发表面轮廓呈现出发藤状态，且头发缠起后优雅下垂，故称其为半拧长垂发。受韩剧的影响，精美的妆容和松散的发型受到广大女性的追捧和喜爱。韩式新娘造型会显得女性更加年轻和浪漫，它区别于其他发型的地方是发型重点较低，垂落在脖子以下。该发型就具有韩式造型的特点，年轻、温婉、简约又随意。它传递出婉约柔美的气质，整体造型简约又不做作，大多数女性都能很好地驾驭。发丝量由我们随意控制，成型之时很自然地散发出浪漫的少女气息。

Step 01

先用 25 号电棒烫卷头发，再用梳子梳顺并抹上柔亮头发的发蜡。

Step 02

把刘海区三七分，先从右边开始取两缕头发，进行拧绳。

Step 03

边拧边加侧区的头发，进行拧绳。

Step 04

加头发时需使发量均匀。

Step 05

握头发的手要放松，不宜握得太紧，把拧好的头发在枕骨下方固定，作为发型的中心点。

Step 06

取右耳后方的一片头发。

Step 07

把取好的头发向中心点下方固定，与已经拧好的头发相衔接。

Step 08

挨着右耳后方继续取发片，与上面头发以相同的方式处理。

Step 09

将左侧区的头发分为两份，按右侧区拧绳的方法向中心点拧绳。

Step 10

把拧好的头发固定在中心点，并与左边的拧发相衔接。

Step 11

从两侧取发片，向中心以内卷固定，直到两侧头发全部收拢，外轮廓应呈从大变小的形状。

Step 12

最后喷发胶将发丝定型，将发型调整得饱满、富有层次。

单朵兰花在美丽的低髻上盛放，含蓄内敛中带着傲骨。

美丽的花环呼应着靓丽的秀发，衬托出浪漫的田园风格。

光滑柔顺的头发搭配粉红色的花簇，和美丽的背部线条一起，勾勒出优雅的形象。

黄色花瓣点缀在发束中，让人展开浪漫的想象。

别致的 8 字发型中间嵌入花朵，仿佛
打了一个浪漫的蝴蝶结。

美丽的发藤上开出了几朵可爱的小花，
浪漫不应缺乏想象。

柔美流畅的曲线、富有光泽的发丝、点缀得当的花瓣，构成了这一美丽的发瀑。

与发色一致的花色，与浪漫相通的烂漫。

精巧光滑的发卷环环相扣，完美衔接，
再加上鲜花的助阵，美丽至极。

松散灵动的发丝是鲜花的沃土，田园的气息浓郁不减。

第3章

手推波纹技法

手推波纹技法之多波纹造型
手推波纹技法之单波纹造型

● 手推波纹造型概述

复古风在时下常袭来阵阵热浪，20 世纪 30 年代最具有代表性的手推波纹造型也频频出现在各大时装品牌宣传片及电影中。那么什么是手推波纹造型呢？手推波纹造型就是借助手和梳子在头发表面设计出 S 形的波纹，如波浪般柔美。把手推波纹造型用在新娘造型中，会让新娘瞬间被浓浓的复古气息围绕。

手推波纹造型可以做成多波纹和单波纹，和不同的手法相结合也会有不同的味道，之后会在实例中讲解。

让我们先了解一下手推波纹造型的内外轮廓。它的内轮廓让面部刘海区呈现 S 形的波纹，能柔化女性面部线条，使其更有女人味。它的外轮廓运用低盘发与内轮廓相衔接，多出几分复古味的同时也多了几分优雅感。

● S 形波纹轮廓与造型特点

在内轮廓出现的 S 形波纹可因大小、松紧、高低演变出各种各样的造型。下面是几种情况的归类。

当 S 形波纹较大时，年代感不会那么强烈，复古味也不会那么浓。

当 S 形波纹较小时，我们会联想到 20 世纪 20 年代的上流名伶，让女性更具复古奢华感。

当 S 形波纹偏松散时，适合头发较少的女生，这样手推波纹就不会紧贴头皮，而且多了些慵懒与随性感。

当 S 形波纹偏紧时，年代感非常强烈，复古感也同样浓烈。

当 S 形波纹设计得高时，就如我们把头发设计得高一样，给人成熟与高雅的印象。

当 S 形波纹设计得低时，最能起到修饰脸型的作用，非常适合喜欢复古感觉的女生。

● 注意事项

① 在设计手推波纹时，先用中号电卷棒把头发从发尾到发根全部烫到。因为亚洲人的头发普遍顽固，所以每烫一片头发都要用鸭嘴夹夹住，以便它保持卷度的时间更长。另外在烫卷的时候，需保持方向统一。

② 烫卷完成后，用气囊梳把所有头发梳开，让它们都朝同一个方向，以方便设计手推波纹。

③ 在设计手推波纹时，造型产品必不可少。先用黏性较强的发蜡及柔亮产品让头发表面变得光滑，把小碎发都黏在一起。在推波纹时，我们会用到鸭嘴夹夹出头发的 S 形，并用发胶定型。但是取下鸭嘴夹时会留下卡子的痕迹，为了去掉这些痕迹，需要在痕迹处再次喷少量发胶，再用尖尾梳轻轻梳开痕迹，待发胶干后痕迹就会变小。

④ 做完造型后取下鸭嘴夹时，要用小发卡夹在使用鸭嘴夹的地方，并且需将其轻柔地藏在头发里，不能露出痕迹。

⑤ 设计完成后 360° 地观察发型是否饱满。

⑥ 手推波复古味强烈，同时也会显得成熟，适合气质型女生。

⑦ 网眼纱、小礼帽、珍珠是首选的配饰，或者什么也不搭配，也会显得很时尚。

波浪般的发型让人眼前一亮，它是复古时尚的代表，同时也是女性柔美的化身。

Hairstyle 1

手推波纹技法之多波纹造型

无论在 20 世纪还是现代，无论在时尚杂志还是影视作品里，无论在时尚造型还是新娘造型里，多波纹的手推波纹造型都十分受欢迎。它不仅能给女性增添复古时尚的女人味，它那波浪般的设计感也正诠释了女人如水的特性，是女性柔美的奢华呈现。

01

Step 01

每烫完一缕头发就用鸭嘴夹固定，以便让头发卷度保持得更久。

02

Step 02

梳开头发后抹上造型产品，把要设计S形波纹的刘海区分出来。

03

Step 03

用手抓住头发，配合梳子打造波纹的第一个弧度。

04

Step 04

用鸭嘴夹固定波纹的弧度，注意图中鸭嘴夹的方向。

05

Step 05

按住第一个弧度，借用梳子向后推出第二个弧度。

06

Step 06

用鸭嘴夹固定第二个弧度。

07

Step 07

按上述方法用梳子向前推出第三个弧度。

08

Step 08

用鸭嘴夹固定第三个弧度。

Step 09

依次推出第四个向后的弧度，并用鸭嘴夹固定。

Step 10

在设计波纹的地方喷上少量发胶，待其变干。

Step 11

把刘海区剩下的头发向后翻卷并固定，与后区设计的头发相衔接。

Step 12

取剩下的头发，向上翻卷并固定，让头发从侧面看有一个流畅的弧度。

Step 13

再取发片，向内打卷并固定，让后面的发髻更饱满。

Step 14

将左侧区的头发向后收拢并固定，同时取后面的头发，向外打卷，使卷与卷之间相衔接。

Step 15

把剩下的头发再设计内翻卷，把左右两后区的卷筒衔接好，并喷发胶定型。

Step 16

取下鸭嘴夹，在鸭嘴夹夹过的地方固定黑色小卡子并将其隐藏，让波纹更加牢固。

Hairstyle 2

手推波纹技法 之 单波纹造型

倘若觉得多波纹手推波纹造型过于成熟及复杂，又想要在熟女的气质上有所不同，单波纹造型是很好的选择。此例中的单波纹造型结合了手推波纹技法和卷筒技法的特点，让单波纹出现在刘海区，然后把其他部分设计成法式盘发，两者的巧妙结合让新娘瞬间有了明星气质。

光滑的发纹，优雅的发卷和纯美的花饰，这些都是新娘独特韵味必不可少的“调料”。

Step 01

将刘海区三七分，把需要设计的刘海区分出来。

Step 02

将剩下的头发扎一条低马尾，作为造型的中心点。

Step 03

用手指抓出 S 形状，在刘海区开始设计一个波浪弧度，并用鸭嘴夹固定。

Step 04

注意鸭嘴夹的位置及方向。

Step 05

用发胶将整个刘海区定型。

Step 06

把刘海区剩下的头发向中心点收拢并固定。

Step 07

按片状取马尾的头发，向右侧打卷，设计低垂的发包。

Step 08

每取一片头发都偏向右侧打卷，将卷筒表面打理光滑。

Step 09

让后区呈现一个有层次感的、光滑的侧包发，增添俏皮感。

Step 10

取下前面的鸭嘴夹，用小发卡固定，注意隐藏好发卡。

蓬开的纱花盛放在长发拟短发的外翻卷发上，复古感十足。

波浪般的秀发搭配网纱礼帽，尽显复古端庄感；再一瞥媚人眼波，顿生妩媚之意。

灵感来自女兵，军帽换成黑色小礼帽，
复古感油然而生。

蓬松的秀发围绕复古的容颜，网眼纱下
隐现迷离眼神，愈发楚楚动人。

红与黑的交织，
大方之美在沉静中酝酿，在微笑后爆发。

红与黑的经典组合将自信美和复古感高贵地托起，描写一个时代，述说一段情缘。

第4章

倒梳技法

倒梳技法之动感盘发

倒梳技法之韩式盘发

倒梳技法之不对称高贵盘发

● 倒梳技法概述

倒梳技法不但可以使头发更蓬松饱满，通过发丝间相互连结来增加发量，同时还可以改变发丝原来的生长方向，更易于造型。亚洲女性头部扁平，大多数女性头发偏少，利用倒梳技法可以弥补这一不足。在很多造型中都会用到倒梳手法，并经常将它和其他手法配合使用。

倒梳也称削发，俗称打毛。倒梳分为平倒梳、挑倒梳和移位倒梳，不同的倒梳方法得到的效果不同。

① **平倒梳：**连结发丝，可稍微增加发量，多用于发量较多的女生。

② **挑倒梳：**可大量增加发量，让头发更蓬松，用于头发较少的女生。

③ **移位倒梳：**可改变发丝的走向，边倒梳边移动发片，多数用于短发女生及夸张的造型中。

如何倒梳呢？首先取出适量的发片，提拉发丝，让发丝呈现直的状态，并让头发与头皮成90°。然后多次从发梢梳向发根，让头发呈坨状立起，并且拉开倒梳后的头发，使其呈均匀的发网状。这样就算倒梳成功了。

● 注意事项

① 倒梳时，尽可能把头发根部倒梳蓬松，只有根部蓬松了，在设计时发型才不易塌掉。

② 无论倒梳头发的哪一个部位，都要把头发分成片状，横竖都可以，这样倒梳才会均匀。

③ 很多造型都需把倒梳过后的头发藏起来，尽可能把其表面梳光滑，不露出倒梳过的痕迹。

Hairstyle 1

倒梳技法之动感盘发

盘发总会让人自然地联想到成熟一词，但是如果让发丝富有层次感和飘逸感，这样动感的盘发看似随意，却可以让人变得年轻时尚、有气质。要打造出这种感觉有几点需要注意。应先通过吹发、烫卷等操作统一发丝的纹理感（别在干枯的头发上进行上述操作，否则效果会打折）。然后选择质地清爽的发型产品（如轻盈的发胶），在抽出发丝时适量、轻薄地喷上。完成这几点就可以开始打造动感盘发了。

鲜花的颜色与美丽的发色浑然一体，抽松的发丝跳着动感的舞步，让浪漫和飘逸的感觉袭上心头。

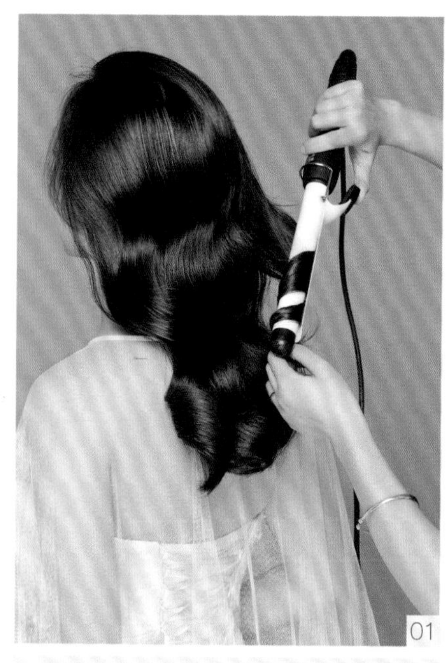

Step 01

用 28 号电棒烫卷头发，让头发的毛鳞片统一方向，梳理柔顺后再开始设计发型。

Step 02

从刘海区到顶区一层层倒梳。

Step 03

取刘海区到顶区的头发，把倒梳过后的头发表面梳光滑，做一个高的发包。

Step 04

倒梳发尾，增加发量。

Step 05

把倒梳过后的头发打卷，固定在顶区下方，作为发型的基垫，即中心点。

Step 06

分出左侧区。

Step 07

倒梳左侧区头发，增加发量。

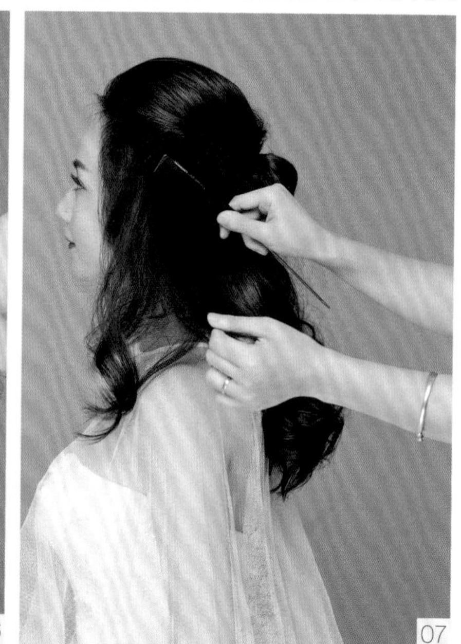

Step 08

把左侧区倒梳好头发的表面梳光滑，向中心点固定，与刘海区相衔接。

Step 09

右侧区同左侧区一样处理。

Step 10

把剩下后区的头发分成左右两份。

Step 11

倒梳后区右边的头发并向中心点固定，头发表面一定要光滑。

Step 12

把后区左边的头发倒梳。

Step 13

把后区左边倒梳过的头发表面梳光滑，向中心点固定，注意区域与区域之间的衔接。

Step 14

用手指把头发表面抽松散并喷少量发胶定型。

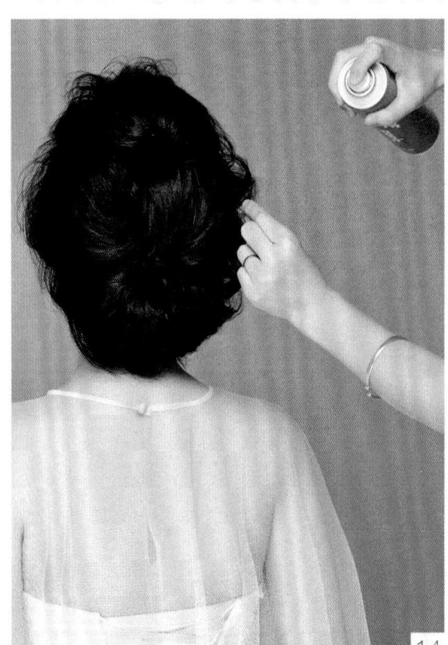

Hairstyle 2

倒梳技法之韩式盘发

该发型从宽到窄逐渐垂下的设计感体现了韩式造型浪漫的特点。从侧面看，抽松的发丝渲染了浪漫的气息。无需任何配饰就已经让甜美浪漫的新娘芳香四溢了。倒梳过后头发的蓬松感还能在发型饱满的轮廓上展现，可见倒梳技法的重要性。

没有佩戴任何配饰，甜美浪漫的幸福感已经荡漾开来。

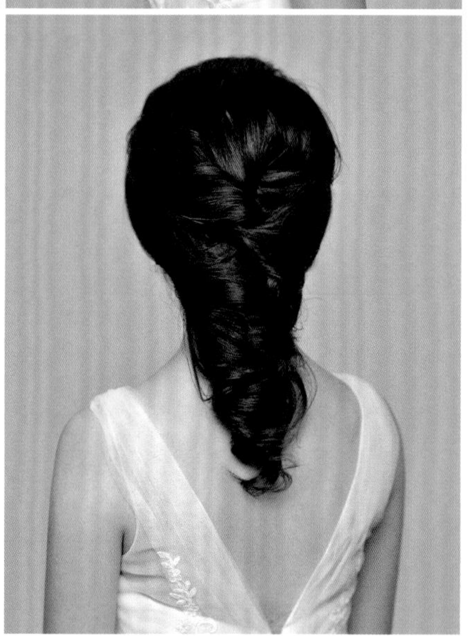

Step 01

把头发用 32 号电卷棒烫卷并梳开，抹上柔顺的造型产品。

Step 02

把顶区的头发倒梳后，梳光滑表面，设计成一个小发包并固定，将其作为发型的中心点。

Step 03

在中心点右旁边取一缕头发并倒梳。

Step 04

把倒梳后的头发表面梳光滑，向中心点固定，并与中心点上的小发包相连接。

Step 05

将中心点左边的头发以同样的方法处理，将小发包作为发型的基垫。

Step 06

将刘海区三七分，把两侧区分成两份，先从右侧区取一部分头发，向中心点固定。

Step 07

把左侧区的头发分为上下两部分。将左侧区上半部分头发倒梳，梳光表面，向中心点固定。

Step 08

右侧区下半部分用同样的手法向中心点设计。

Step 09

将左侧区下半部分头发倒梳后向中心点固定，左右交叉会让造型更有层次感。

Step 10

在右耳下方取发片并倒梳。

Step 11

梳光滑其表面并向中心点下方固定。

Step 12

左边按照与右边同样的方法设计，微微用手指抽松头发表面，喷发胶定型。

Hairstyle 3

倒梳技法之

不对称高贵盘发

在倒梳和抽丝的组合手法下完成的不对称高贵盘发，搭配水钻蕾丝头饰，不对称的美不言而喻。松散灵动的发丝看似不规则地蜿蜒盘曲，实则有条不紊地托起高贵的气场。

将水钻蕾丝头饰像发箍一样佩戴在刘海区，增添了盘发的层次感，同时凸显了新娘的高贵气质。

Step 01

用电卷棒把头发烫成大波浪，并且统一头发纹理方向。

Step 02

从刘海区开始一层层倒梳，倒梳到顶区的位置。

Step 03

把倒梳的头发单独分出来，把表面头发梳光滑。

Step 04

把倒梳过后的头发向后拧成发包并用发卡固定，作为造型的中心点。

Step 05

从左侧区开始一层层倒梳。

Step 06

分出左侧区倒梳过的头发，梳光其表面并向中心点固定，将其与顶区头发衔接。

Step 07

右边的头发也运用相同的手法一层层进行倒梳。

Step 08

梳光滑倒梳后的头发表面并向中心点固定，与顶区相衔接。

Step 09

把中心点下方的头发取一片并倒梳，向左侧方做一个小发包，把剩下的头发分成左右两份，先从右边开始倒梳，向左侧区聚拢并固定。

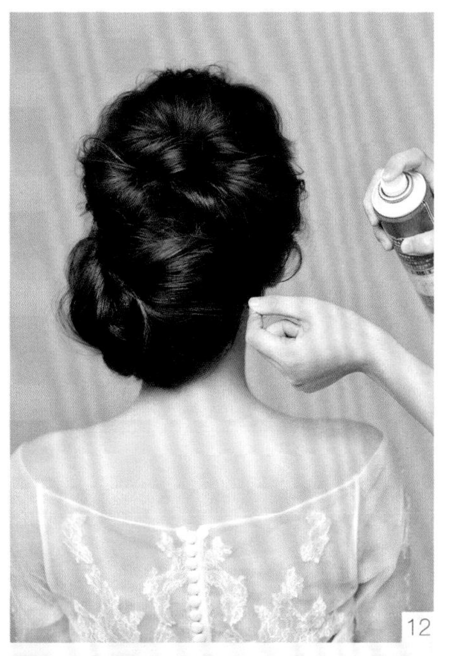

Step 10

把剩下的头发倒梳，连结发丝。

Step 11

把倒梳后的头发表面梳光滑，向左下方固定。

Step 12

把表面头发抽松发丝后用发胶定型，让整体发型饱满，呈现一个饱满的侧包发。

浪漫的发丝有层次地蓬起，
纯美的花饰又添上浓艳的一笔，撩人至极。

蓬松的头发纹理流畅清晰，
汇集处鲜花同行，把美丽延伸到欣赏的目光中。

光泽靓丽的秀发或蓬松，或低垂，
蓝白相间的花苞映衬甜美的笑容，一气呵成。

头发的蓬松随意感和鲜花的静美柔和感，
一动一静地诠释着舒心的美感。

阳光为她着一身灿烂的光华，让人窒息的美是内心幸福的必然。

自信的美被优雅地呈现，动人的眼波在
举手投足间更加闪耀。

第5章
拧包技法

拧包技法之光滑包发
拧包技法之松散包发
拧包技法之低包发

● 拧包技法概述

拧包技法最常使用在经典的盘发中，本章打造的三款包发都用到了拧包技法。虽说包发过于老旧，但其中包含多种基础技法，而拧包技法在其中尤为重要。拧包技法多用于发型后区，它可以让发型后区弧度更饱满。很多手法都可以互相配合使用，拧包技法也不例外，它常与倒梳、抽丝等技法配合使用。

拧包技法分为单包、双包、交叉包等，本章重点讲解单包技法。

● 分区知识

发型的分区对单包技法尤为重要，我们首先了解一下发型分区的知识。

① **刘海区：**两额角（与两眉峰的垂直位置一致）向头顶延长2～3厘米形成的三角形区域即刘海区，它的大小根据个人的脸型而异。刘海区对于修饰脸型很重要。

② **顶区：**刘海区后方，不超过额角延长线的宽度分出一个椭圆形的区域为顶区。顶区的最高点为顶点，即椭圆形的中心点，椭圆形大小根据发量的多少相应地变化。顶区起到让发型外轮廓更饱满的作用。

③ **左、右侧区：**在耳朵最高点处向上挑出头发，与刘海区相衔接，可根据发量的多少在刘海区前后移动，分出的区域为左、右侧区。左、右侧区有助于改善脸型宽度，可配合刘海修饰脸型。

④ **后区：**剩下的头发为后区。后区位于枕骨部位，可修饰脑后的弧度，让整体造型更为美观。

我们多在后区设计单包。先把后区的头发一片片进行倒梳，让头发之间相互连结，更易拧在一起，然后把所有头发握在手心，把头发表面梳光滑，提拉发丝，设计成单包并固定。

● 注意事项

设计单包时我们需要注意一些细节。

① 无论包发表面是光滑的还是有层次的，都要把表面梳光滑后再造型。

② 单包在后区时，后面的发际线会出现很多小碎发，给人留下不干净、不整洁的印象，我们要借助发蜡收起这些小碎发，让整个造型清爽干净。

③ 在设计单包时，小发卡尽可能地藏于头发中，不要露出来。

配上水钻发带，可以增加发型的层次感，为展现新娘优雅的气质做铺垫。

Hairstyle 1

拧包技法之光滑包发

早在 20 世纪 50 年代，奥黛丽 · 赫本就以一头干净蓬松的包发塑造了其不可超越的淑女形象。至今赫本仍然作为优雅女神被模仿，我们可以通过模仿她的发型来演绎她的优雅气质。

Step 01

把头发用电卷棒烫卷后分成两个部分，刘海区到顶区为前部分，剩下的侧区与后区为后部分。

04

Step 02

把后部分所有发丝拧在一起。

Step 03

将拧起的发丝向上提拉并固定。

Step 04

将剩下的发尾挽成发髻形状，固定在顶区下方，作为发型的基垫，即发型的中心点。

Step 05

把前部分的头发分成刘海区及顶区两个部分，将顶区的头发一层层向后倒梳，增加发量的同时可以让造型更饱满。

Step 06

把顶区倒梳后的头发表面梳光滑，向中心点做一个发包并固定，把发尾藏在发包中，让发型从侧面看有一个漂亮的弧度。

Step 07

把剩下的刘海区三七分。

Step 08

将左边的刘海倒梳后作为侧区的头发，围绕着顶区的发包固定并藏起发尾。

Step 09

右边的手法同上，喷发胶使发型表面定型，收起小碎发，让发型显得干净，使其不论从哪面看都是饱满的弧形。

Hairstyle 2

拧包技法之松散包发

松散的头发总能让造型更加年轻和浪漫，而将松散的理念用在拧包上，给原本典雅的包发注入跳动的活力，让新娘更加婉约动人。值得一提的是月牙形小贝壳类头饰的选择，它与头发自然融合，有落落大方之感。松散的发丝随意垂落，让娇艳的美人更妩媚。

月牙形小贝壳类头饰与头发自然融合，显得典雅大方；随意垂落的发丝更增添几分妩媚。

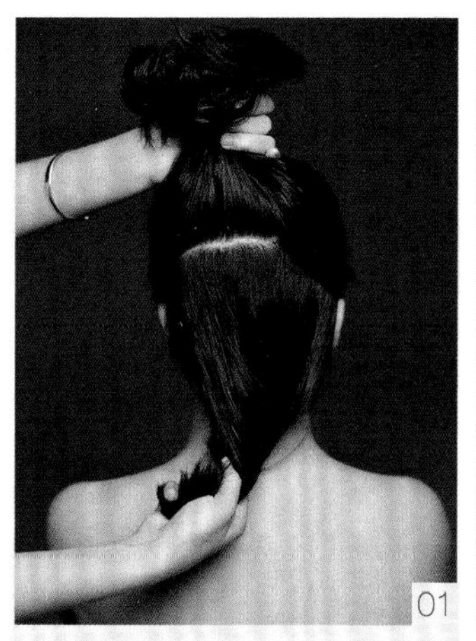

Step 01

把烫好的头发分成两个区域：刘海区、顶区及两侧区为上区域，剩下后区为下区域。

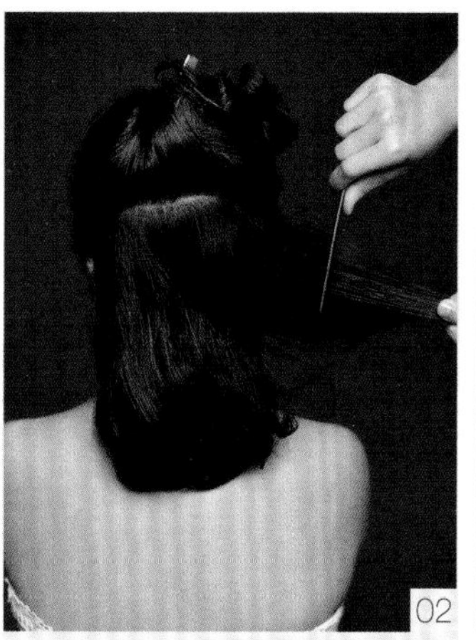

Step 02

把上区域的头发用鸭嘴夹先夹起来，将下区域的头发一层层进行倒梳。

Step 03

提拉发丝，倒梳到头发根部。

Step 04

倒梳过后的发丝间会相互连结，发量会显多，这样会更容易造型。

Step 05

把下区域倒梳过后的头发表面梳光滑。

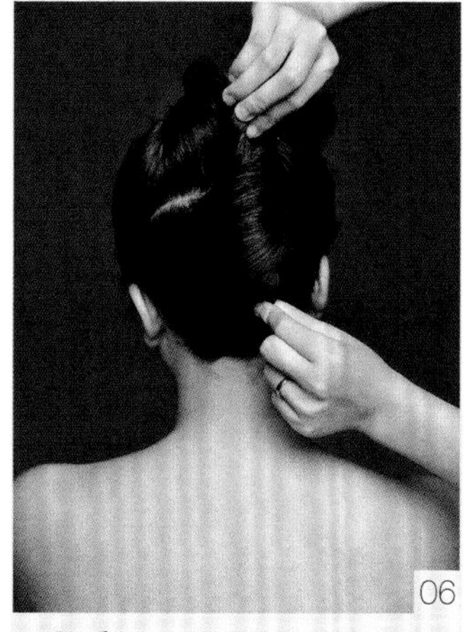

Step 06

把所有下区域的头发拧在一起，向上提拉并固定。

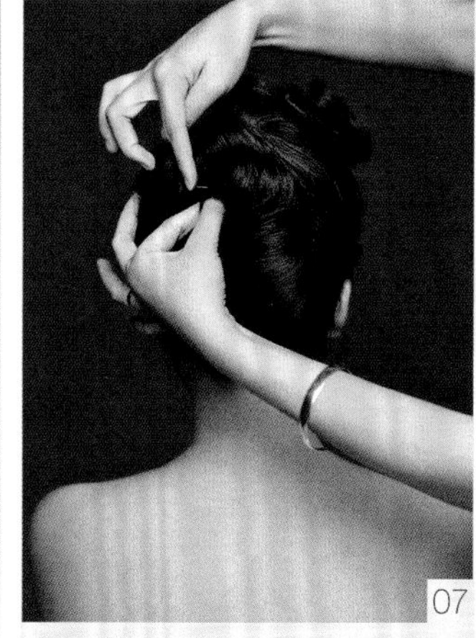

Step 07

把发尾做成小发包，并用小发卡固定。

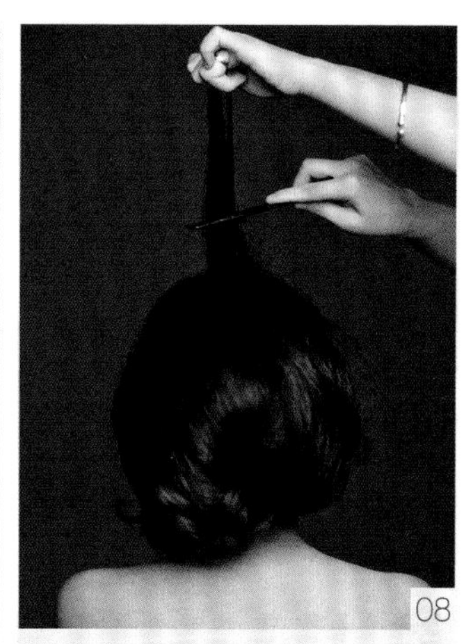

Step 08

把上区域头发从刘海区开始一层层倒梳。

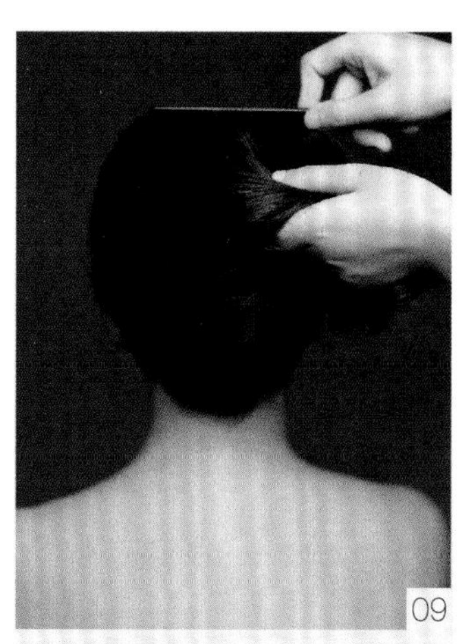

Step 09

把上区域倒梳后的头发握在手心，将头发表面梳光滑。

Step 10

跟下区域一样，设计成一个向下的单包，与下面的发包相衔接，用发卡固定。

Step 11

按照头发的走向把头发表面抽松散，抽出发丝的线条与层次。把抽松的发丝用发胶定型。

Step 12

佩戴饰品进行装饰。

拧包技法之低包发

因该发型单包是温婉的低髻，我们称之为低包发。温婉的发髻、略带设计感的弧度和新娘恬静美好的笑容，都只为展现她温文尔雅的动人气质。注意需将头发用卷发棒做成大弧度的发卷，使头发充满空气感，这样更利于造型。

无需搭配太多饰品，新娘的温文尔雅就得到了美好的呈现。

Step 01

用大号电卷棒烫卷头发。

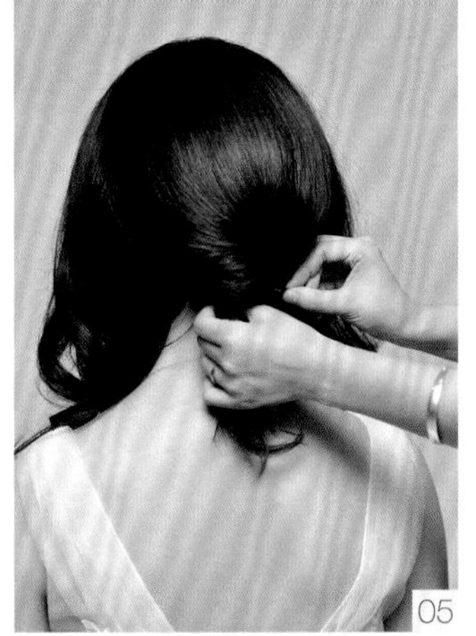

Step 02

把头发竖向分成三部分。

Step 03

从中间部分开始，由头顶区一层层向下倒梳。

Step 04

握住中间倒梳后头发的发尾，梳光滑其表面，让头发呈现出漂亮的弧度。

Step 05

运用拧包的手法将倒梳过后的头发固定在枕骨下方，作为发型的中心点，并把发尾藏在中心点周围。

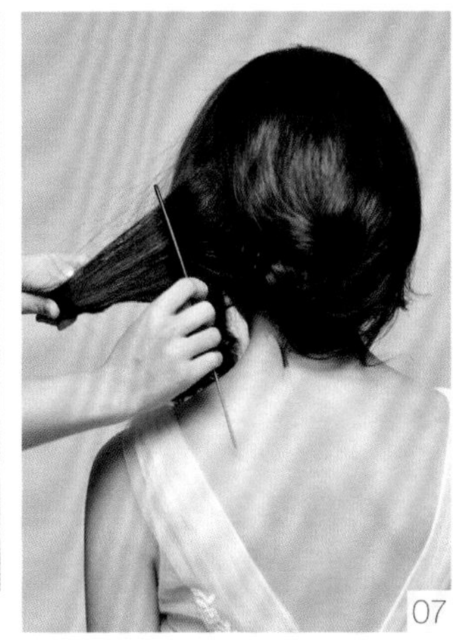

Step 06

将右侧区的头发一层层倒梳，按同样的方法固定在中心点。

Step 07

将左侧区的头发一片一片倒梳。

Step 08

梳光滑头发的表面并向中心点固定，藏好发尾。

Step 09

抽松表面的发丝并用发胶定型，调整发型的饱满度及弧度。

富有设计感的卷发，让置身于鲜花中的优雅女子愈发动人。

光滑的秀发，柔情的眼神，
美丽的手捧花仿佛都在勾勒优雅坚强的女性形象。

花中的女子拥有一头光鲜的秀发和一双迷人的眼睛，
她的独特魅力是优雅的代言。

光滑的头发拧成高雅的发包，再用黑色缎带让发型摆脱单调，高雅气质顿时鲜活。

把光滑蓬松的头发隆成一个高的发包，再用黑色缎带为发包塑形，自然托起高贵的气场。

第6章 编辫子技法

编辫子技法之长垂侧编发

编辫子技法之对称长垂编发

编辫子技法之侧盘编发

编辫子技法之对称盘编发

● 编辫子技法概述

麻花辫是田园气息的代表，说起辫子很多人会想到小女孩童趣的模样、女孩们银铃般的欢声笑语、女人甜美幸福的笑脸，仿佛步入了田园乡间。

女生对辫子是情有独钟的，不仅因为辫子造型能让长发摆脱沉闷单调的框架，而且辫子的位置不同，给人留下的印象也不同。将全部头发编成一整根垂在一侧的肩膀上叫长垂编发，如果说垂在一侧的披发妩媚中带着性感，那垂在一侧的麻花辫就是天真中带着感性；将头发分成两部分，编成两股均匀的发辫对称地挽在两耳下方，叫对称式编发，极配甜美可爱的少女；将头发随意编起，挽在耳后方一侧，叫作侧编发，会增添几分俏皮的味道。

在黑发上，麻花辫虽然纹理感没有那么清晰，但它却可以传递出小家碧玉的味道。在浅发上，复杂的编织方法能让头发的纹理和布局清晰流畅，削弱一般麻花辫的随意性，让麻花辫真正可以上得“厅堂”。

最常用到的是三股辫。所谓三股辫是指取三份相同的发量进行编发，在田园造型中运用居多。而三加一股编发就是在编三股辫时，边编边加一股头发到发流中继续编发。同理，三加二股编发就是在编三股辫时，边编边加左右两侧头发到发流中继续编发，让头发表面更丰满，适合发量居多者。

按上述方法可以衍生出多种编发，如四股辫、多股辫及多股辫加几股的编发。

● 注意事项

① 进行三股加多股编发时，尽可能均匀取发，不可过多或过少，这样编出来的辫子就不会歪歪扭扭。

② 不论我们设计干净光滑的辫子还是松散的辫子，都需建立在光滑的头发表面的基础之上。

③ 编发时的松紧取决于模特的脸型，面部宽大者适合松散一些，面部窄小者松紧皆可。

Hairstyle 1

编辫子技法 之 长垂侧编发

想要不显老、清新、可爱、甜美，编发是最好的选择。经典的长垂侧编发让清新的味道与浪漫的气息完美结合，让人联想到好莱坞电影里步入仙境的爱丽丝形象。我们可以选择复杂的多股编发，让头发的发流看上去更明显，更有层次，营造出可人的韵味。此例中我们以三股辫为例，将头发侧分后向一侧梳齐，再进行三股编发，抽松发丝让头发微微凌乱，让人有种微风拂过的感觉。这样毫不繁杂的小清新造型就完成了。

随意松散的发辫搭配清新的小花朵，让新娘甜美的气质中透出浪漫的少女情怀。

Step 01

把所有头发用小号电棒烫卷，再用手指拨开发卷，让头发呈现出蓬松的状态。

Step 02

把头发分成两部分，先把刘海区分出来。

Step 03

把分出来的刘海区头发用手拨弄松软，朝内做成小发包。

Step 04

用发卡固定刘海区的小发包。

Step 05

把剩下的头发向左侧分成三等份。

Step 06

进行三股编发，编发的时候手抓头发的力度不宜太紧。

Step 07

把顶区下方的头发抽松散，与刘海区相衔接。

Step 08

用手指把发辫表面抽得更松散一些。

Hairstyle 2

编辫子技法之对称长垂编发

两侧随意垂落的松散发辫让新娘宛若俏皮的少女。不用担心头发不规则的分区及满头的碎发，因为如果辫子太整齐，看起来会带有乡土气息。小花朵夹在耳上，与头发相互呼应，浪漫风情极好地展示了出来，非常适合可爱的小新娘。

对称式松散的辫子脱离了人们印象中的乡土气息，让新娘显得更加清新可人。

Step 01

用25号电卷棒均匀烫卷头发，让头发的纹理感统一。

Step 02

将刘海区中分，先从左边开始取两缕头发。

Step 03

把这两缕头发进行二加一编发。

Step 04

把编好的头发表面抽松，增加造型的随意度。

Step 05

用发卡把编好并抽松的头发在耳上方固定，留出随意的发丝。

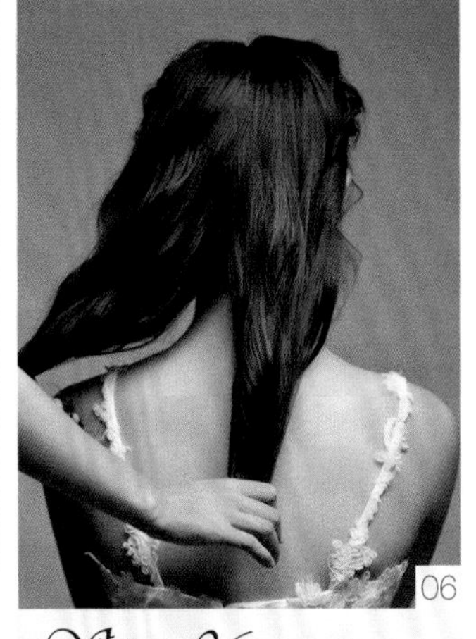

Step 06

右边的刘海区按同样的方法处理，把后区剩下的头发随意分成两份。

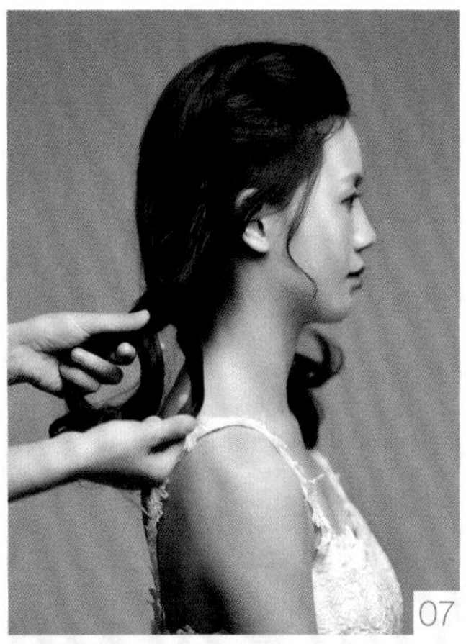

Step 07

从右后区开始三股编发。

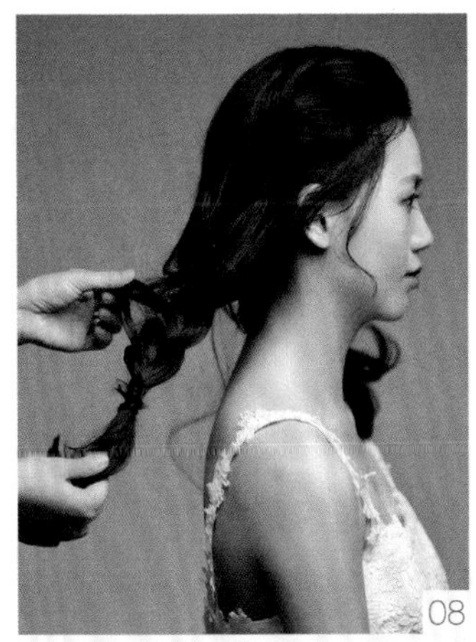

Step 08

在发尾处把编好的头发用橡皮圈固定，把表面抽松散。

Step 09

把编好的发辫左右两边同时抽松散，让发辫看上去更丰满，乱中有层次。

Step 10

把抽松的发丝喷上发胶，保留头发松散的效果，左后区按同样的方法处理。

Step 11

在耳上角戴上小碎花，造型就完成了。

编辫子技法 之 侧盘编发

将柔美的亚麻色长发编成发辫并盘在脑后侧方，饱满的低发髻和浪漫的花饰自然地融入到美好的想象之中。刘海区与侧区的头发编成密集的可爱辫子，一起汇集在侧下方，优雅甜美的发辫和恬静浅笑的容颜最是惹人喜爱。

亚麻色的头发编成浪漫的发辫缠绕，白花摇曳，发缕灵动，优雅的幸福感油然而生。

Step 01

把头发分成两个区域。先将刘海区按 2:8 的比例分成左右两部分，刘海区右部分为一个发区，刘海区左部分和后区为另一个发区。从右侧区开始进行三加二编发。

Step 02

把右侧区剩下的头发进行三加一编发。

Step 03

编发时，均匀取每一缕头发。

Step 04

编到发尾处用橡皮圈固定，让右侧区呈现两条发辫。

Step 05

把剩下后区的头发分成上下两部分。

将后区下半部分头发进行三股编发，上半部分先用鸭嘴夹夹起来。

把编好的头发挽在右侧下方，做一个小发包并固定，作为造型的中心点。

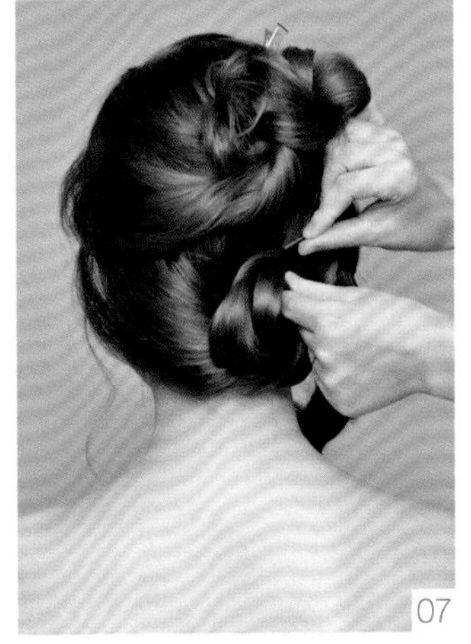

Step 08

把刘海区编好的两条发辫向中心点固定。

Step 09

剩下后区上半部分，用梳子梳顺并向中心点固定。

Step 10

把发尾的部分绕在小发包上，使其更饱满，调整后喷发胶定型。

Hairstyle 4

编辮子技法 之 对称盘编发

我们之前也有提到，在黑发上编麻花辫没有在浅发上的纹理感那么强，但它却可以传递出新娘小家碧玉的味道。该发型把对称的发辫盘绕在光滑的头发表面，线条感流畅，层次感清晰，典雅含蓄的美在戴上鲜花的那一刻盛放。

光滑干净的编发、清新的花朵与清爽的妆容非常合拍，多了几分日系新娘的味道。

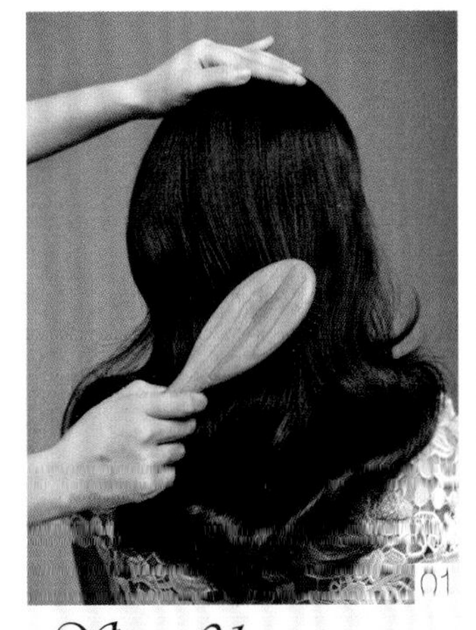

Step 01

头发烫卷后，用大梳子梳顺，并抹上造型产品，让头发变得光滑柔顺。

Step 02

在顶区下方做一个小发包并用发卡固定，作为造型的中心点。

Step 03

把刘海区四六分，先从右侧区开始进行三加二编发。

Step 04

让头发呈现干净光滑的表面，一直编到侧后方，与中心点相连接。

Step 05

把右侧区编好的头发在中心点固定。

Step 06

左侧区按与右侧区相同的方法进行编发。

Step 07

每次取头发的时候，发量需均匀，把右侧区编好的头发在中心点固定。

Step 08

将剩下后区的头发分成左右两份。

Step 09

将右后区的头发编成三股辫。

Step 10

把编好的头发在中心点下方挽成小发包并固定。

Step 11

左后方的头发以相同的方法处理，让左右发包完美对称。

盛放的鲜花伴随着甜美的笑容。

沉浸于幸福之中的女人是优雅美丽的化身。

娇柔的花瓣正是这可爱的人儿憧憬幸福的象征。

碎花穿梭在秀发间，与发藤柔和地缠绕在一起，完美了新娘的纯美气质。

浅色的花朵守候着可爱的发辫，浪漫的巧丝依恋着纯静的容颜。

光滑的发辫富有层次感地婉转交织，
承载娇艳花朵的想象，寄托美人眼波里的柔情。

第7章 抽丝纹理技法

抽丝纹理技法之编辫子抽丝时尚盘发

抽丝纹理技法之卷筒抽丝婉约盘发

抽丝纹理技法之拧绳抽丝丸子头盘发

● 抽丝纹理技法概述

在任何发型手法的基础之上，我们都可以运用抽丝纹理技法改变头发的状态，来增添浪漫随意的感觉。抽丝纹理最常与编辫子、拧绳、倒梳等技法搭配使用，可以让头发看上去更松散、更富层次和灵动。头发表面被抽松之后总会有种不刻意、不雕琢的感觉，让造型显得自然而清新，并且会显得新娘年轻而有气质，不做作。在浪漫的户外婚礼及户外婚纱照的拍摄中，透过几缕灿烂的阳光，随意松散的发丝一定会给幸福感增色不少。

● 注意事项

① 在发量不多时，设计完发型后，抽松头发表面可以让头发看上去显多而且饱满。

② 在抽松头发之前，头发表面应该做到光滑平整，抽出来的效果才不会乱。

③ 要按头发的走向去抽丝，不能乱抽一通。

④ 抽松头发表面要有高有低，这样看上去才会有层次，不然会显得太乱。

Hairstyle 1

抽丝纹理技法之

编辫子抽丝时尚盘发

例中我们将结合编辫子技法和抽丝纹理技法共同打造富有时尚气质的可人新娘，来满足女生对辫子的情有独钟。该发型中，辫子富有层次感地盘起，再用抽丝纹理技法把表面抽松散，然后搭配靓丽的白色纱花，让浪漫中透出时尚的气息。

松散的发丝和富有层次感的发辫，搭配白色的纱花，让新娘在浪漫中露出时尚的气息。

Step 01

用32号电卷棒烫卷头发。

Step 02

取顶区的一缕头发，分成两份，进行拧绳。

Step 03

拧绳完成后，抽松拧好的头发的表面。

Step 04

把抽松的头发做成小发包并用发卡固定，作为发型的中心点。

Step 05

从左侧区取三份头发，开始编三股辫。

Step 06

编发时，边编边取两侧的头发加入发辫中。

Step 07

从左侧区一直编到后区，用橡皮圈固定发尾，抽松头发表面。

Step 08

右侧区的头发与左侧区的处理方法相同。

Step 09

把编好的两条发辫围绕中心点下方固定，并且让后区达到饱满的效果。

Step 10

把头发表面再次抽得更松散，用发胶定型，以增加造型的灵动感。

Hairstyle 2

抽丝纹理技法 之 卷筒抽丝婉约盘发

经过前面的学习，我们也意识到了抽丝纹理技法和其他技法搭配的重要性。在这个案例中，它和卷筒技法配合，在卷筒造型的基础上抽松发丝，让典雅的气质中蕴含了丝丝浪漫的情怀。

把环环相扣的卷筒表面抽松散，让典雅的感觉显得别致，展现出新娘婉约的一面。

Step 01

用 28 号电卷棒烫卷头发。

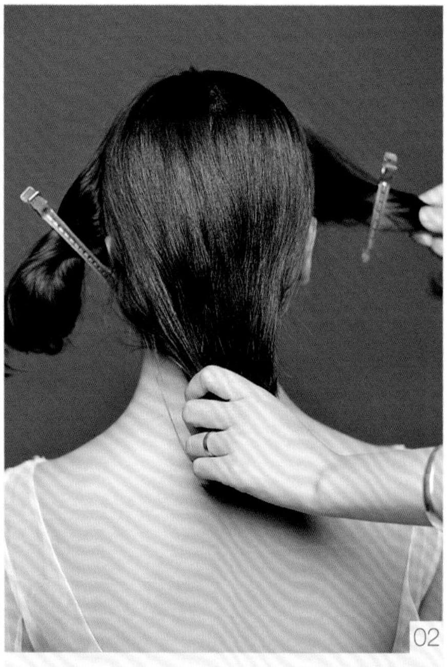

Step 02

分出左右两侧区及后区。

Step 03

在顶区的部分开始倒梳。

Step 04

在顶区下方把倒梳的头发表面梳光滑，做一个小发包，作为造型的中心点。

Step 05

先把右侧区的头发拧起，向中心点固定。

Step 06

把左侧区的头发拧起，向中心点固定，让头发呈现出公主头的形状。

Step 07

从右后区开始取头发，向中心点打卷并固定。

Step 08

按上面的方法继续把右后区的头发向中心点打卷并固定。

Step 09

在左后区取发片，向中心点聚拢，使其与右后区打卷的部分相衔接。

Step 10

把剩下左后区的头发同样打卷，向中心点聚拢。

Step 11

设计完后区的发型之后，发髻呈现一个饱满的弧度。

Step 12

把头发表面抽松散并用发胶定型，让发型富有层次。

Hairstyle 3

抽丝纹理技法 之 拧绳抽丝丸子头盘发

该造型将抽丝纹理技法和拧绳技法完美结合，打造了让人感觉美好的可爱形象，是非常简单、实用的一款造型。我们把松散的马尾扎起，会让人显得更年轻；把剩余的头发用拧绳技法随意地挽起，又会增加发型的慵懒感；再用手拽出一些碎发，增加随意浪漫的感觉；最后柔化整体发型轮廓，搭配恰当的花饰，幸福可人的新娘气息顿时浓郁不散。

可爱的丸子头让新娘优雅恬静的气质中里融合了甜美的幸福。

Step 01

把头发用中号电卷棒烫卷，用手指抓松。

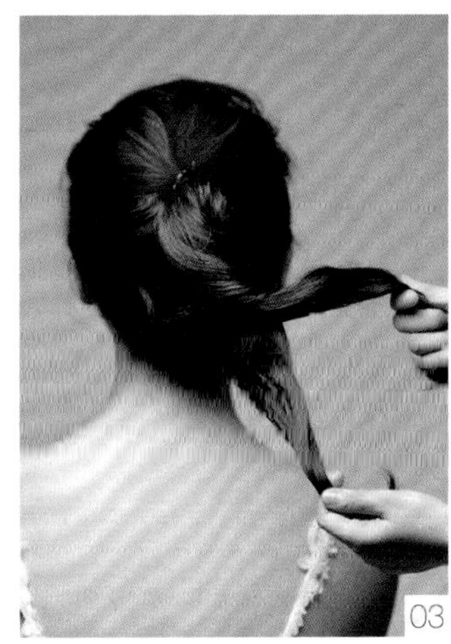

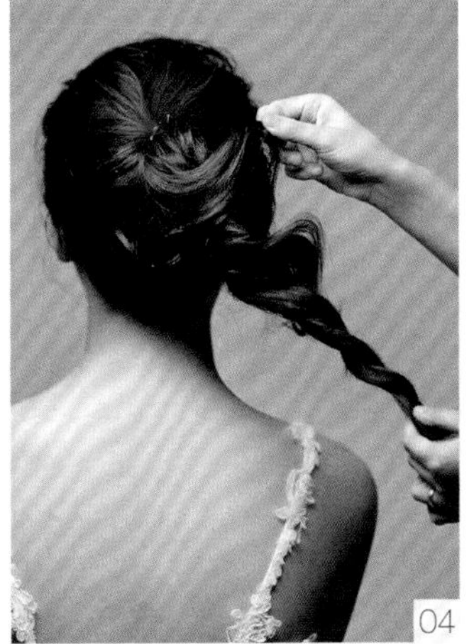

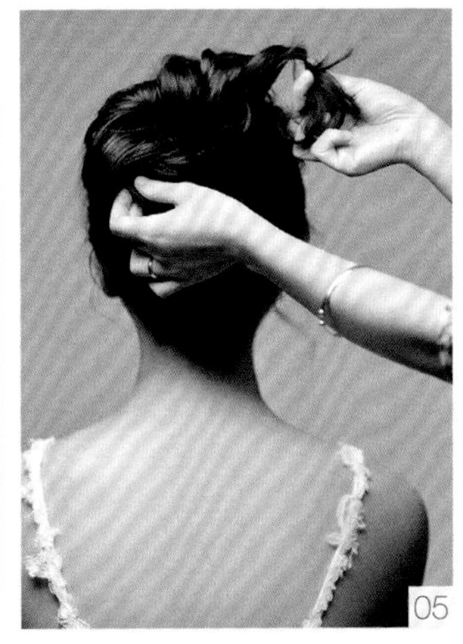

Step 02

用手指把所有的头发聚拢在顶区（不要刻意用尖尾梳去梳理），用橡皮圈扎成高马尾，作为造型的中心点。把马尾的头发分成两份。

Step 03

把发尾的两份头发进行拧绳。

Step 04

尽可能地把拧成一条的头发表面抽松散。

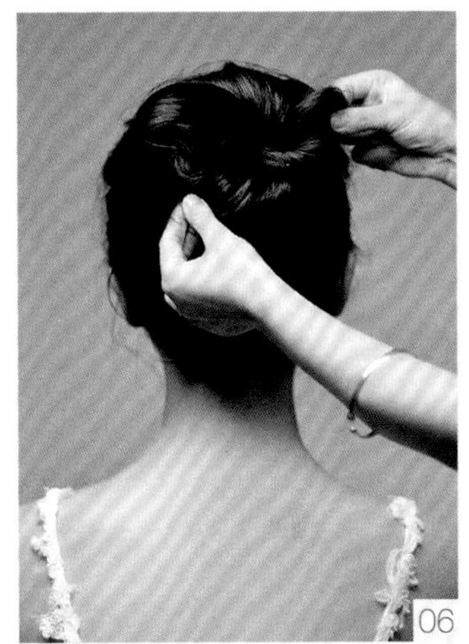

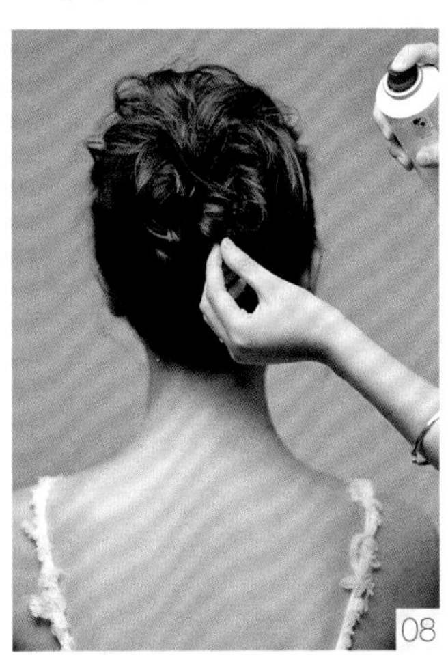

Step 05

左手握住头发，右手以马尾中心点为轴心，开始顺时针拧转。

Step 06

拧转成一个椭圆形的小发包。

Step 07

用发卡固定小发包。

Step 08

把小发包表面再次抽松散，喷发胶定型。

Step 09

在左侧戴上花饰，增加新娘的甜美度。

满头鲜花拥簇，网纱迷离了眼神，轻纱飘渺了现实，
让她仿佛步入梦幻的仙女。

夸张的头花和纱衣的娇艳同时绽放。

精美的手工蕾丝头饰装点着优雅的盘发，
甜美的笑容装点着美丽的容颜。

松散的发丝和不规则的发带让甜美的妆容增添了几丝浪漫的感觉。

分开的齐整刘海，垂下的浪漫发丝，
让这可爱的人儿露出几丝柔情。

齐整的刘海、蓬松的发辫加上
水钻发箍的搭配，
让女生可爱得如此高雅。

松散灵动的发丝上搭配可爱的小花，
为女生可爱的气质助阵。

大片的白花让优雅的气息围绕；
甜美的笑容让幸福的感觉释放。

鲜花火焰般拥簇在松散的发流上，
映衬着美人的艳丽。

发丝裹上了晕染的阳光和芬芳，灵气四溢，美丽因为幸福。

阳光为每根发丝裹上了迷人的光彩，
恬静的笑容点亮了美好的愿景。

第8章 变纹技法

● 变纹技法概述

所谓变纹技法就是指通过改变头发表面的纹理来打造不同造型感的手法，不同的头发纹理线条能展现出截然不同的风格。

学习变纹技法首先要了解头发表面的状态（常用曲线和直线来划分），这样能更好地表现我们想要的造型风格。当头发表面呈直线时，能给人中性、流畅、挺拔及充满力量的印象；反之，当头发表面呈曲线时，又会给人柔美、流动、优雅及柔和动人的印象。在新娘造型中，用得最多的还是曲线造型。

曲线造型又分很多种，按卷度的大小分为玉米束、小卷、中卷和大波浪。玉米束给人造成动感张扬的印象；小卷发在动感中透出一丝野性；中卷发能体现女人优雅成熟的一面；大波浪则让女人更性感、更有女人味儿。这一章我们将重点通过小卷发和中卷发的打造来阐述变纹技法的应用。

了解头发表面的状态后，我们还需了解各个发型区域之间是如何衔接的。这将决定头发的形状、体积和位置，换句话说，造型也会因此千变万化。

● 注意事项

① 不管头发表面呈现什么纹理状态，一定要让发丝有光泽、富有弹性。

② 发型设计完成后，内外轮廓要饱满，而且新娘造型的线条要流畅柔和。

③ 设计的造型要符合人物本身的年龄、脸型、服饰特点及气质等。

Hairstyle 1

变纹技法之随意层次感盘发

在随意层次感盘发里我们用到了体现浪漫和层次的小卷发。因亚洲女性普遍都是黑发，想要设计出富有层次并且线条感十足的发型实属不易，而小卷发造型却可以做到。小卷发造型可以不用撕开烫好的小卷，直接将其固定就可以设计出任何轮廓及形状，并且发型的线条和层次都能得以体现。另外小卷发层叠交错的发丝能让造型增添几分随意浪漫的感觉。

戴上小碎花可以增加造型的浪漫层次感。

Step 01

把头发分成左右两侧区及整个后区。

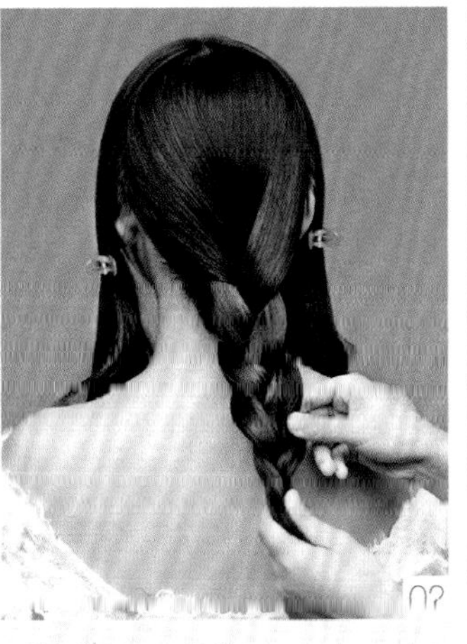

Step 02

把后区的头发扎成麻花辫，用橡皮圈固定。

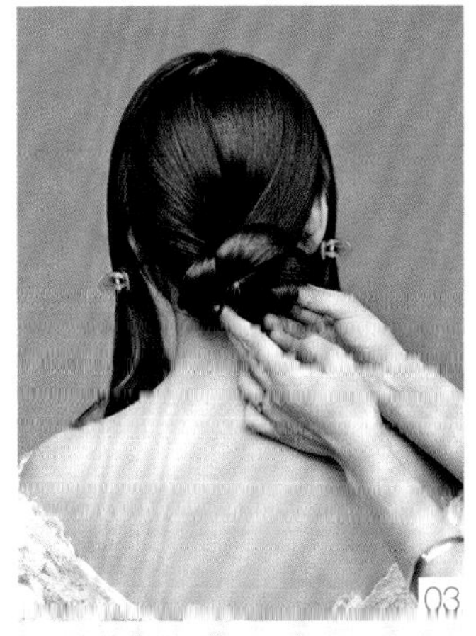

Step 03

把麻花辫在枕骨下做成小发包，作为造型的基垫，即中心点。

Step 04

用19号电卷棒从右侧区进行外翻卷，每次烫卷尽可能烫到发根处。

Step 05

边烫卷边把头发固定在中心点的发包上。

Step 06

固定每缕头发时，不用排得太密集，可松散些。

Step 07

固定头发的同时，注意头发的走向要流畅，把烫卷的第一层头发均匀地固定在发包上。

Step 08

把没有烫完的右侧区头发继续烫成外翻卷，并穿插在发流中，让发流看上去通透并有层次。

Step 09

左侧区按与右侧区相同的方法边烫卷边向中心点固定，注意左右两侧区的头发自然衔接。

Step 10

用发胶将头发表面的线条定型。

Step 11

在两额角留出发丝烫卷，增加随意柔美度，使其从每个角度看都像云层一样柔软、有层次。

Hairstyle 2

变纹技法之法国公主盘发

法国公主盘发里我们将用到中卷发，中卷发总会传递出成熟的韵味，但把烫过的头发撕开后，在顶区设计公主盘发会让造型立马变得甜美可爱起来。抽松的发丝跳动着浪漫的气息，正符合法国人骨子里的浪漫情节，美丽又率真，是独特气质的写照，同时也是可爱形象的升华。

戴上白色发带，营造法国公主的甜美气质。

Step 01

用 25 号电卷棒把头发都烫卷，让头发表面呈现出中卷的状态，易于造型。

Step 02

先从顶区的中间取一缕头发。

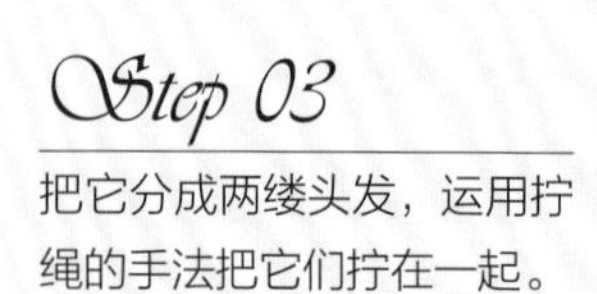

Step 03

把它分成两缕头发，运用拧绳的手法把它们拧在一起。

Step 04

把拧完的发流表面抽松散，让其更蓬松。

Step 05

将抽松的头发在顶区做一个小发包，作为造型的中心点。

Step 06

围绕中心点取两缕发片，进行拧绳。

Step 07

抽松刚才所取发片的表面。

Step 08

把它向中心点固定，让发型更饱满、立体。

Step 09

从左侧区的头发开始拧绳，把拧好的头发抽松散，固定在中心点上。

Step 10

从左侧区慢慢延伸到耳后方的头发，取两缕并拧绳。

Step 11

把拧好的头发固定在中心点周围，增加整个造型的饱满度。注意隐藏发卡。

Step 12

右侧区从刘海区开始斜向取发片进行拧绳，将拧好的头发固定在中心点周围。

Step 13

将后区剩下的头发分成两份，将每份头发拧绳，并把表面抽松。

Step 14

把后区拧好的头发向中心点固定，让造型丰满起来。

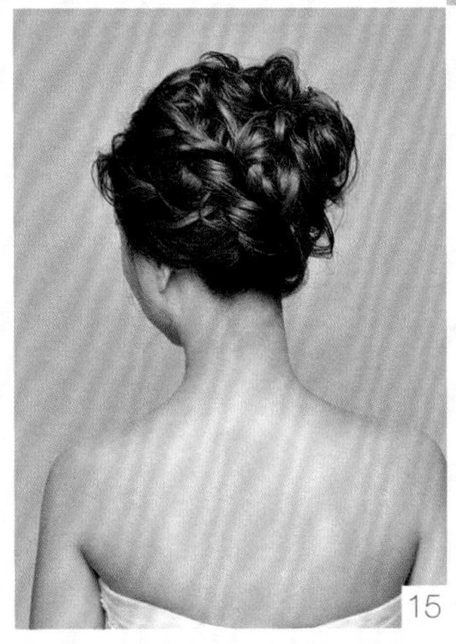

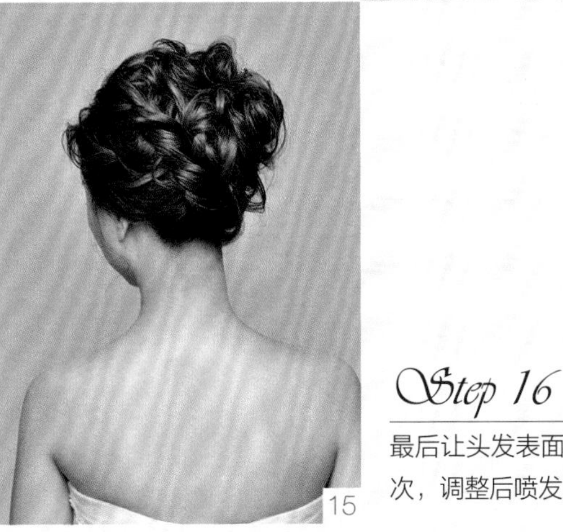

Step 15

将剩下的一缕头发以同样的方式处理。

Step 16

最后让头发表面松散而有层次，调整后喷发胶定型。

Hairstyle 3

变纹技法之

希腊女神编发

我们这次打破常规，不再单纯地用一种手法来改变头发的纹理，而是结合了小卷、编辫子和抽丝等多种技法来改变头发的纹理，让头发显得凌乱而有层次，浪漫感倍增。最后加上小碎花的点缀，造型完成后给人浪漫的希腊女神的印象。该发型非常适合海边及绿地婚礼，让新娘在婚礼上轻松散发浪漫又优雅的气息。

把头发表面的纹理卷发、编辫子和抽丝，再点缀几朵零星的花骨朵，一股希腊女神风迎面扑来。

Step 01

用 25 号电卷棒烫卷头发，尽可能卷到根部，改变头发的纹理。

Step 02

用手指拨弄头发，让头发变得蓬松的同时，表面的卷发也很明显。

Step 03

从顶区取三缕头发，从刘海区开始编发。

Step 04

边编发边在左右两边取头发，将其加进发流中。

Step 05

使用三加二的手法编发，用两边用手指把表面的卷发纹理抽出来。

Step 06

头顶的头发要抽得更松软，让外轮廓保留小卷发的感觉。

Step 07

松散地编到发尾，用橡皮圈扎住。

Step 08

左边与右边的处理方法一样，使其呈现微卷的编发表面。

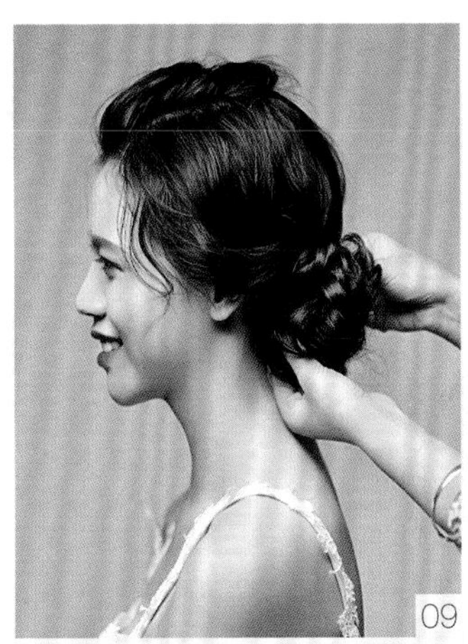

Step 09

把编好的发辫随意挽成松散的发髻，固定在两耳下方，增加可爱感。

Step 10

右边的发辫同左边一样挽成松散的发髻。

Step 11

按编发的纹理把表面的卷发抽得更松散，并用发胶定型。

Step 12

随意地点缀小花朵，增加造型的层次感和浪漫感。

松散的发丝为富有层次感的盘发注入了浪漫的活力，让优雅和自信从眼神中自然流露出来。

饱满的发髻让女人高贵端庄，灵动的发
丝仿佛在倾听女人的优雅心声。

浪漫的发丝撩动着满眼动情的神采，
尽态极妍。

松散的头发优雅盘起，眼中闪烁动情的神采，让人顿生爱怜。

纯美的纱花点缀于秀发间，让她仿若置身仙境的仙子，或注视或沉醉，都是美好的模样。

她沉浸在温暖里，发丝都沾上了阳光的味道，享受的笑容是幸福的。

第9章 饰品与发型的搭配

饰品与发型的搭配之大气简约盘发

饰品与发型的搭配之浪漫随意的鲜花造型

饰品与发型的搭配之时尚新娘造型

饰品与发型的搭配之高雅新娘造型

● 饰品与发型的搭配概述

掌握了造型的手法后，我们再来学习新娘造型中饰品的运用。饰品在新娘造型中担当着重要的角色，不仅因为它能对造型的风格起到画龙点睛的作用，而且因为它对新娘味儿的诠释也不可或缺。新娘造型中常用的配饰有很多种，各式各样的头纱、浪漫的蕾丝、精致的皇冠、娇羞的花饰，高雅的珍珠饰品及水晶饰品等。那么怎样去选择新娘头饰呢？

首先我们要了解饰品的形状、材质、颜色等基本的特征。

其次要知道饰品所体现的风格是否能与发型完美搭配。打个简单的比方，如果我们设计的是甜美松散的造型，会优先考虑小碎花而不是大羽毛。找到适合造型风格的饰品会让造型锦上添花，反之则会给人乱搭一气的感觉。

最后我们要了解饰品在发型中的比例。

● 饰品在发型中的比例

① **无饰品**。我们发现很多明星在出席颁奖典礼或走红地毯时 ，虽然以简约干净的造型出场，但是照样艳压群芳。借鉴到新娘造型中来，当发型轮廓饱满、风格大方简洁时，即使不用任何头饰，新娘的明星气质也会凸显出来。

② **饰发结合**。指的是头发与饰品完美地融合，饰品的体积不宜过大，不应刻意突出，只起到点缀的效果即可。亚洲新娘发色较黑，适合用点缀的饰品来增加造型的层次感和灵动感。

③ **以饰扩体**。指的是以饰品来扩大造型的量感，在夸张的新娘造型中，头发达不到的效果可以通过饰品实现。饰品所占比例较大，适合时尚的风格。

④ **以饰代发**。针对头发较少的新娘，可以设计以突出饰品为主的造型。短发新娘造型中，以饰代发的方式在弥补短发缺陷的同时又丰富了造型。

结合造型手法，选择与人物造型相符的头饰，再调整合适的佩戴方式，就能让造型更出色。

下面我们将用实例来了解饰品与发型的搭配。

Hairstyle 1

饰品与发型的搭配 之

大气简约盘发

除了一对小耳钉，这款简约的造型没有用到任何配饰，属于极简的搭配风格。很多明星出席晚宴或走红地毯时都会用到，因为它既无碍明星气质的展现，又让造型轮廓松散而富有层次感，是提升气质的极佳选择。但是这款发型不适合发际线不平整和脸型不佳的女性。

造型层次感明显，蓬松通透，无需任何配饰，明星气质已得以彰显。

Step 01

用 32 号电棒烫卷头发。

Step 02

分出刘海区的部分，一层层倒梳，连结发丝。

Step 03

梳光头发表面，需做到用肉眼，看不出倒梳的痕迹。

Step 04

把刘海梳光滑后做一个高的小发包，用发卡固定，作为造型的中心点。

Step 05

分出左侧区的头发。

Step 06

对左侧区的头发开始一层层倒梳。

Step 07

梳光滑左侧区的头发表面后，向中心点固定，并与刘海区的头发衔接。

Step 08

分出右侧区的头发。

Step 09

将右侧区的头发同样一层层倒梳。

Step 10

梳光滑右侧区的头发表面，向中心点固定，并与刘海区的头发衔接，让两侧区与刘海区呈现一个饱满的弧度。

Step 11

把后区剩下的头发微微倒梳，梳光滑表面，向上提拉。

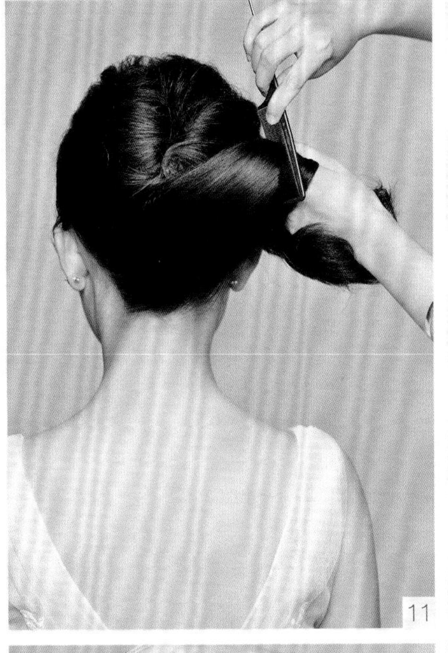

Step 12

把所有后区头发做成一个单包的形状。

Step 13

把单包在中心点的位置固定，留出发尾的部分。

Step 14

将发尾做一个小发髻并固定，用手指把所有头发表面抽松并喷发胶定型，体现出造型的层次感及线条感。

Hairstyle 2

饰品与发型的搭配之浪漫随意的鲜花造型

浪漫随意的鲜花造型以鲜花点缀来增添新娘的浪漫气息。要打造浪漫的感觉，松散的发丝是成功的第一步（注：在黑色的头发上很难达到理想的效果）。在烫发时，我们先把头发从低到高分成若干层，烫发的时候，将每一层随着头发的高度提拉，尽可能从发尾烫到发根，让所有发丝蓬松起来。烫完头发时打上光泽感的发蜡，不仅可以避免毛糙，打造光泽感，还有一定的定型效果，更容易设计发型。最后我们使用鲜花来点缀完成的发型，不仅能体现发型的层次感，浪漫的感觉也会愈发强烈。

点缀鲜花来增加发型的浪漫感觉，让鲜花更衬美人。

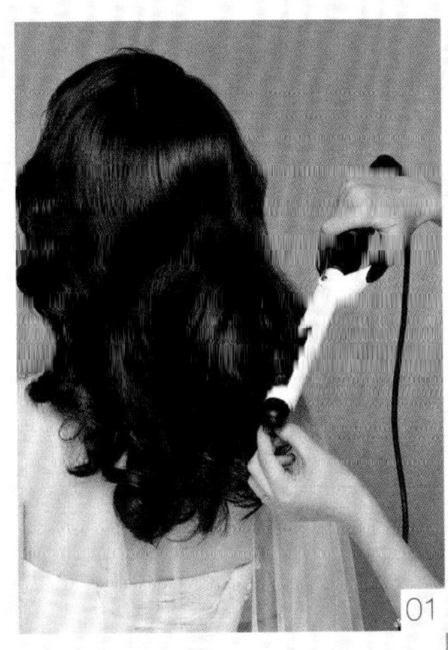

Step 01

用 28 号的电卷棒由下至上提拉发丝，随意烫卷。

Step 02

用梳子梳顺头发，打上增加光泽感的发蜡后，取顶后区的一片头发。

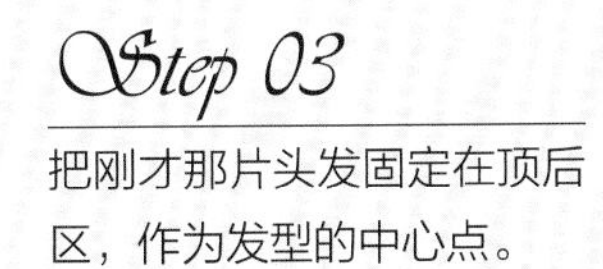

Step 03

把刚才那片头发固定在顶后区，作为发型的中心点。

Step 04

将刘海区的头发也分成上下两层，把上层的头发向后翻卷，朝中心点方向固定，并留出松散的刘海发丝，增加浪漫度。

Step 05

将后区的头发也分成片状，向中心点做外翻卷。

Step 06

取右侧区的头发，同样向中心点的方向做外翻卷并固定。在发卷与发卷之间留一点空隙，打造层次感。

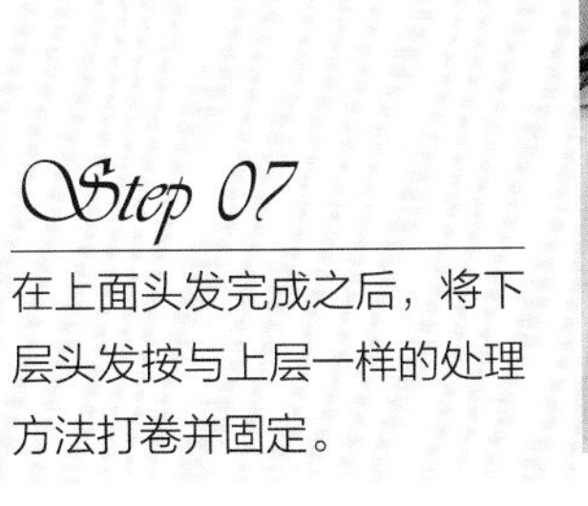

Step 07

在上面头发完成之后，将下层头发按与上层一样的处理方法打卷并固定。

Step 08

完成时，发型的整体轮廓需饱满，调整后用发胶定型。

Hairstyle 3

饰品与发型的搭配之

时尚新娘造型

时尚新娘造型用到的是以饰扩体的方法。披发时尚型颇为常见，如果想要有特色，加入网眼纱及羽毛配饰来扩大造型的量感，就可以打造出既时尚又不失唯美的感觉。首先将刘海区及侧区的头发向后收拢，留下后区的头发，让优雅的感觉自然流露。然后让发尾有充盈的通透感，这样整体发型看起来简约而不简单。网眼纱中透出精致的五官和美丽的脸部轮廓，让新娘味儿更浓。

夸张的配饰把简洁的造型展现得更加时尚，也充分展现了以饰扩体的良好效果。

Step 01

用 32 号电卷棒烫卷头发，用梳子梳开并抹上柔亮发蜡，增加头发的光泽感。

Step 02

运用倒梳的手法，把刘海区的头发一层层倒梳。

Step 03

将左侧区的头发一层层向后倒梳。

Step 04

将右侧区的头发同样一层层向后倒梳。

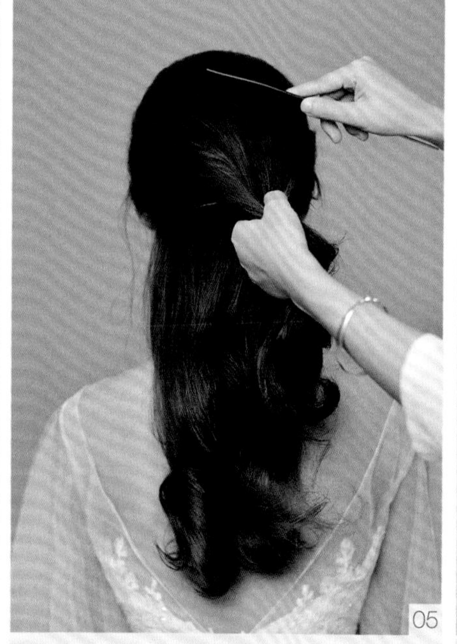

Step 05

把所有头发分成上下两部分，把刚才刘海区及两侧区倒梳过的头发做成上部分，聚拢在一起，并把表面弄光滑。

Step 06

把上部分的头发拧在顶区下方，作为发型的中心点。

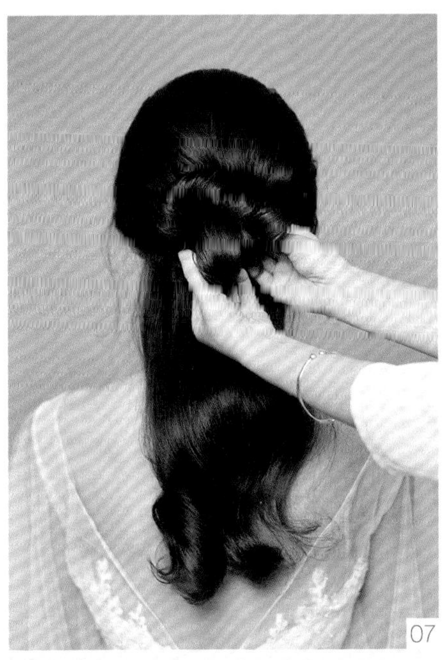

Step 07

把拧在一起的头发在顶区下方挽成一个小发髻。

Step 08

固定后把表面抽出线条，显出层次。

Step 09

加强线条的处理，并用发胶定型。把下层的发尾部分梳顺。

Step 10

用一块大网眼纱罩住面部，把两边的网眼纱向中间聚拢并固定在额头的左侧。

Step 11

在网眼纱的上方戴上羽毛配饰。

Step 12

为了增加造型的丰盈度，在羽毛上方多加一层小网眼纱。

Hairstyle 4

饰品与发型的搭配 ②

高雅新娘造型

在高雅新娘造型里我们所用到的是以饰代发的方法。短发造型可以说是初学者的难点，在设计短发造型时，因为长度不够往往会导致发量在发型中显少，而且脸也容易显大。该造型中佩戴体积感较大的皇冠，让造型更加丰富与饱满，从而克服了短发的缺点。另外皇冠与干净整齐的发辫相结合，整体造型透露出几分清爽别致与高贵典雅。

体积感较大的皇冠弥补了发量不足的缺陷，可爱的发辫与高贵的皇冠完美结合，让高雅的新娘味儿散发开来。

01

Step 01

用32号电卷棒烫卷头发（短发女生）。

02

Step 02

把刘海部分四六分。

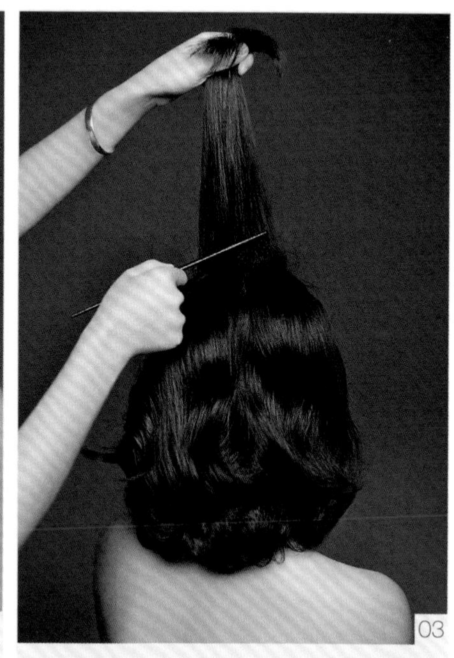

03

Step 03

将顶区头发一层层倒梳后，把头发表面梳光滑。

04

Step 04

在顶区下方设计一个小发包并将其固定，将发卡固定处作为造型的中心点。

05

Step 05

从右刘海区开始设计三股加一股编发。

06

Step 06

边编边加头发，头发的走向应向侧后方，与顶区设计的小发包相衔接。

Step 07

每次取的头发要均匀。

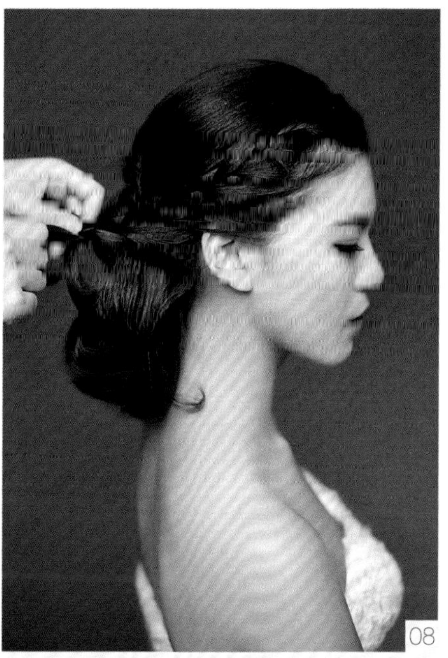

Step 08

将右侧刘海区的辫子一直编到侧后方，在中心点固定。

Step 09

左侧刘海区的头发同左侧区一样处理。

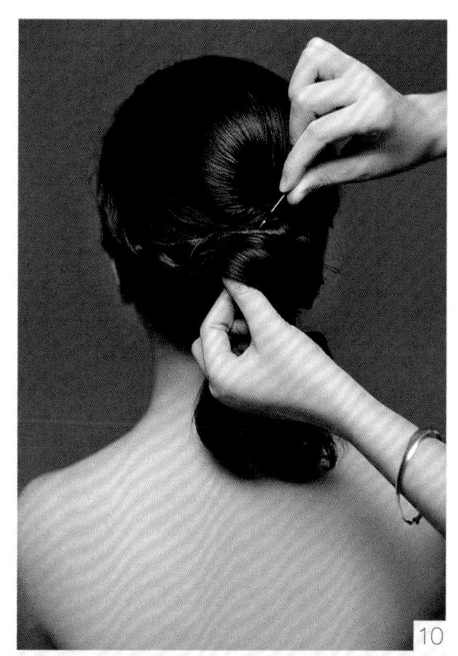

Step 10

剩下后区的头发，将其分成片状，向中心点固定。

Step 11

让后面的发型饱满，使其与侧区的头发自然衔接。

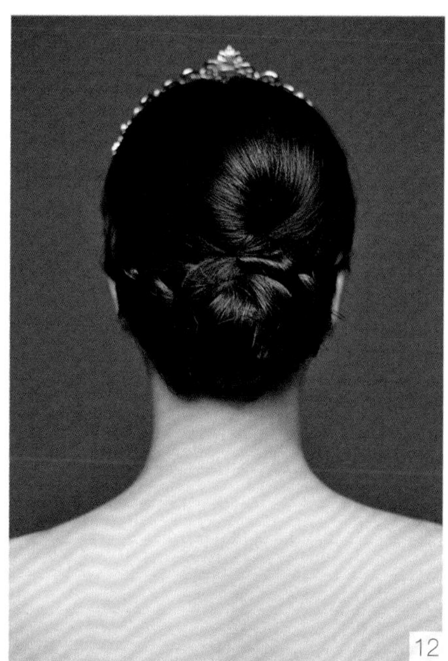

Step 12

发型完成图背面。

轻纱拂过，鲜花怒放，
都是眼神中幸福光韵的佐证。

甜美的气息混合着头纱散发的
新娘味儿，芳香四溢。

头纱折叠成如花的头饰，
让安静婉约的新娘更别致。

网纱、羽毛和白花组成极富设计感的帽子，
完美地衬托出新娘高贵冷艳的气质。

精美的手工头饰仿佛成为了光滑发髻的一部分，婉约优雅，柔情动人。

手工蕾丝和头纱一起构成夸张唯美的头饰，
结合一缕轻巧的发丝，瞬间让可人儿清新脱俗。

凤凰般的精美手工头饰所造就的美，紧紧抓住了赞叹的目光。

波浪般的秀发有了纯白头饰搭配，复古味中的唯美感觉瞬息万变。

温婉的盘发穿上“鲜花外套”，仿佛优雅融入了美好，想象插上了翅膀。

瑰丽的纱饰，粉色的手捧花，
纯美的嫁衣，都只为等待那动人的笑靥。

轻纱缭绕，繁花点缀，甜蜜滋养，面纱下的眸子还未启开，她是沉醉在梦幻中的精灵。

从披发到盘发，从头饰到纱花，都有温柔的眼神来阐述美的意义和幸福的内涵。

飞舞的发丝朦胧了头纱萦绕的意境，
美不胜收。

戴上纯美的羽毛头饰就像插上了梦幻的翅膀一般，
带着新娘飞向美好的渴望。

一组色彩强烈的鲜花造型，吸引了我们的眼球，绽放了她的美好。

黑色网眼纱和黑纱蝴蝶结组合而成的头饰，柔和了略带锋芒的复古时尚气息。

梦幻的轻纱撩起了泛红的面容，让人心跳加速。

精巧的羽毛小礼帽托起高贵的气质，
极配这沉醉于幸福的女子。

红与黑的经典搭配，花和纱的魔幻组合，
带有惊艳四座的王妃范儿。

皇冠造型让这眼神中满是柔情的女子顿时形象高大起来，高贵典雅的同时也平易近人。

披着白纱略带英气的新娘，甜美让她的
幸福感更加充盈。

妖艳的面容隐现在蕾丝面纱之中，傲视群芳的冷艳气息浓郁不散。

独特的头饰搭配，浓浓的异域风情。

别致的发带缠绕着优雅的发包，颈部和耳边垂下的头发都让冷艳之中多了一丝灵气。

高贵盘起的发髻、珠花发卡、圆形耳环和黑色蕾丝上衣一起完美地衬托了新娘高贵典雅的气质。

发箍和耳环的弧度是秀发弧度的延伸，高贵冷艳的气质油然而生。

秀发如流水般蜿蜒而下，线条柔美，光泽动人，让冷艳中透出婉约的温度。

白色花瓣缀饰嵌在飞舞盘转的靓丽发丝间，动静结合，美感飙升。

卷曲的发环层层叠起，仿佛燃烧的火焰；一旁的珠花配饰让这火光更加与众不同。

树枝般的水钻头饰裹着齐整的刘海，甜美而不失妩媚。

发丝富有生命力似的，或卷曲，或扬起，或垂下，花饰点缀，优雅呈现。

后记 Afterward

经常和同行朋友、学生聊到对新娘造型的看法，我始终坚持只要掌握了基础的手法并灵活运用，就可以找到适合每一位新娘的妆容和发型，也可以演化出千变万化的造型风格。基础手法非常重要，就像建房要先打地基一样，只有先熟练掌握基础才可以灵活组合它们，才可以踏实地朝着更有挑战的未来前行。

书中所有的模特都是普通女生，非常感谢她们展现了最真实自然的一面，不刻意、不做作，把我的创作演绎得如此好。一个好的造型作品，除了需要模特的完美呈现，也要依靠摄影师巧妙的捕捉及后期师耐心的修片，几者缺一不可。书中所有的作品都是艾尔文视觉的摄影师和后期师共同努力的结果。特别感谢（排名不分先后）摄影师欧晋、苏白、礼文、小水母、子龙和俊杰；后期师柳东、小贤、小瑛、棉裤、雨洁和一举。另外还要感谢我的助手陈龙的协助。在短短两个月以内，我们利用晚上的时间拍摄、修图及编辑文字，这再次让我感受到团队的力量。感谢每一位帮助和支持我的人。

最后非常感谢人民邮电出版社给我这次展现作品的机会，希望我的作品及造型理念能被更多可爱的读者接受和喜欢。